アスベスト給付金申請ハンドブック

弁護士 小林 玲生起 著

図解と記載例で迷わずできる!

中央経済社

は し が き

　本書は，アスベスト被害者または遺族を対象とした給付金の申請代理業務を取り扱い始めた，または取り扱おうと考えている法律実務家向けの書籍である。筆者が弁護士であることもあり，想定読者を弁護士として執筆しているが，社会保険労務士などの法律実務家もアスベスト給付金申請につき参考になると思われる。

　アスベスト被害に対する救済制度・法的手続は，労災保険，特別遺族給付金，石綿健康被害救済制度，建設アスベスト被害給付金制度，損害賠償請求（対（元）勤務先，対建材メーカー，対国）など複数あり，被害類型や被害者属性に応じて，適切な手続選択をする必要がある。採るべき制度や選択の優先順位等を誤ると，低いレベルでの救済にとどまってしまったり，救済の迅速性を損なってしまったりする。また，アスベスト給付金は，それが認定されたか否かで，後の損害賠償請求の可否・額の多寡に大きく影響してくる。

　そのため，アスベスト被害救済にとって，アスベスト給付金申請は救済の初動であるとともに，その後の救済の可否・程度に大きく影響してくる重要な手続である。しかしながら，アスベスト給付金申請に関して実践的・実務的な内容を解説した文献は，管見の限り見当たらない。

　本書は，「アスベスト被害救済にとって，アスベスト給付金申請が最重要の手続である」という信念の下，初めてアスベスト給付金申請代理を行おうとする法律実務家が新件問い合わせから給付金受給までをスムーズにできるよう，図式・図表・書式例・実例を豊富に用いて，アスベスト給付金申請の専門知識・ノウハウを惜しみなく開陳することをコンセプトとしている。第1章〜第3章では，アスベストの特徴や利用例・アスベスト関連疾患・アスベスト給付金制度の基本知識や概要について解説している。第4章では，特に重要で，か

ii　　はしがき

つ，対象者も多いと思われる労災保険について認定を得るポイントを，認定基準に沿って紹介している。そして，第5章では，第1章～第4章で言及した専門知識やノウハウに沿って，各給付金制度の申請書の書き方や記載例を実践的に解説している。

　日本はかつて「アスベスト輸入大国」であり，それを反映して，アスベスト関連死者数が世界第3位の年2万人超とされている（毎日新聞2020年11月2日「日本の19年石綿関連死者数，推計2万人超　研究機関調査」）。代表的なアスベスト関連疾患である中皮腫患者も増加の一途をたどっており，2019年～2022年では中皮腫死亡者数は1,500人前後であるところ，2030年頃にはピークを迎え，3,000人ほどに達すると見込まれている（日本肺癌学会ホームページ「悪性胸膜中皮腫診療ガイドライン2020年版を利用するにあたり」https://www.haigan.gr.jp/publication/guideline/examination/2020/2/0/200200000100.html）。以上のような継続的な増加が見込まれるアスベスト被害者を適切・迅速に救済するためには，アスベスト給付金申請に精通した法律実務家が増えることも急務といえるであろう。

　筆者は，アスベスト給付金申請代理業務を取り扱う中で，「アスベスト給付金申請に関する実践的・実務的な公刊書籍が皆無であること」「被害者の近傍にアスベスト給付金申請代理業務を取り扱っている実務家が非常に少なく，依頼することができず困っていること」「被害者が自身で不適切な申請をしてしまったり，申請の知識がないために，救済を受けづらくなってしまったり，救済に苦難したり，救済制度があること自体を知らないままであること」を痛感した。

　本書によってアスベスト給付金申請代理業務に携わる実務家が増え，全国津々浦々までアスベスト給付金申請に関する専門知識・ノウハウが浸透していく一助になること，それによって，年2万人を超えるであろうアスベスト被害者全員の適切かつ迅速な救済が実現することを願ってやまない。

本書は，弊所のアスベスト給付金業務の中心を担う上原多佳江さんの熱意ある助力およびアドバイス，中央経済社の石井直人さんの心のこもった励ましおよび進捗管理があってこそ，上梓が実現した。この場を借りて，厚く御礼申し上げる。

　2025年3月吉日

弁護士法人シーライト

弁護士　小林玲生起

目　　次

はしがき　i

第1章
はじめに〜アスベスト被害の概要〜 ———————————— 1

1　アスベストと日本におけるアスベストの工業的利用の歴史・2

2　アスベストによる健康被害とその特徴・6

   (1)　アスベスト健康被害のメカニズム・6

   (2)　遅発性疾病・6

3　アスベスト給付金申請代理業務の全体像・8

第2章
アスベスト関連疾患の特徴 ———————————————— 9

1　アスベスト関連疾患の全体像とアスベスト給付金制度との関連・10

   (1)　給付金の対象となる五大アスベスト関連疾患・10

   (2)　胸膜プラークの重要性・12

2　中皮腫・14

   (1)　特徴〜胸膜・腹膜・心膜と中皮腫の関係〜・14

   (2)　症　状・14

3　石綿肺・15

   (1)　特　徴・15

   (2)　症　状・15

   Column　隠れ石綿肺を見つけ出せ！〜間質性肺炎，肺線維症〜・16

4　肺がん・17

II

　　⑴　特　　徴・17

　　⑵　症　　状・17

　5　びまん性胸膜肥厚・18

　　⑴　特　　徴・18

　　⑵　症　　状・18

　6　良性石綿胸水（石綿胸膜炎）・19

　　⑴　特　　徴・19

　　⑵　症　　状・19

　7　その他のアスベスト関連疾患
　　　～円形無気肺，COPD（慢性閉塞性肺疾患），肺気腫など～・20

　　⑴　円形無気肺・20

　　⑵　COPD（慢性閉塞性肺疾患），肺気腫・20

　　⑶　卵巣がん，咽頭がん，後腹膜繊維症・21

第3章
4つのアスベスト給付金制度の特徴 ——— 23

　1　アスベスト給付金制度の全体像・24

　2　アスベスト被害を理由とする労災保険・25

　　⑴　概　　要・25

　　⑵　対象疾病の療養者に対する労災保険給付の主な内容・26

　　Column　障害補償給付は支給対象になり得るか？・28

　　⑶　対象疾病を原因とする死亡者の遺族に対する労災保険給付の
　　　　主な内容・29

　　Column　遺族補償給付の受給権者が複数いる場合には，代表者の
　　　　　　選任が必要・32

　　⑷　消滅時効・34

　3　特別遺族給付金制度・35

目　次　**Ⅲ**

(1)　概　要・35

(2)　受給権者・35

(3)　給付内容・37

(4)　請求期限・38

4　石綿健康被害救済制度・39

(1)　概　要・39

(2)　対象疾病の療養者（存命者）に対する石綿健康被害救済給付金の内容・40

　Column　石綿健康管理手帳，じん肺健康管理手帳・43

(3)　対象疾病を原因とする死亡者の遺族に対する石綿健康被害救済給付金の主な内容・44

(4)　請求期限・45

5　建設アスベスト被害給付金制度・46

(1)　概　要・46

(2)　給付対象者・47

　Column　建設アスベスト給付金の対象になりそうで，ならない業種〜造船，鉄道車両関係〜・49

(3)　対象疾病に罹患した存命者に対する建設アスベスト給付金の内容・52

(4)　対象疾病を原因とする死亡者の遺族に対する建設アスベスト給付金の内容・53

　Column　労災保険の遺族補償給付受給権者＝建設アスベスト給付金受給権者，とは限らないので要注意！・54

(5)　給付金減額事由・55

(6)　請求期限・56

6　各種アスベスト給付金制度と損害賠償との支給調整関係・58

IV

> **Column** アスベスト給付金の課税関係・61

第4章
アスベスト給付金認定のための2つのポイント
～特に労災保険を念頭に～ ——————————— 63

1　労災保険を通すことの重要性，労災保険選択最優先の原則・64

> **Column** 本当に石綿健康被害「救済」制度なのか？・66

2　認定獲得のための立証ポイント①：業務による石綿ばく露状況の立証・68

(1)　労働者である期間の立証ポイント・68

> **Column** 「(元) 勤務先は，労災保険に入っていない (入っていなかった)」のウソとホント・71

(2)　アスベストにばく露する業務に従事していたことの立証ポイント・72

> **Column** 勤務先がなくなっていても，否定していても諦めるな！・75

3　認定獲得のための立証ポイント②：アスベスト関連疾患に応じた認定基準充足・78

(1)　アスベスト労災保険対象疾病すべてに共通する立証ポイント～医療記録の収集～・78

(2)　中皮腫の労災認定基準立証ポイント・80

> **Column** 中皮腫の確定診断のための資料～病理組織診断結果～・82

(3)　石綿肺の労災認定基準立証ポイント・83

目　次　v

> **Column** 非労働者（一人親方等）や死亡労働者であっても，じん肺管理区分決定「相当」の通知を受けられることがある！
> ・87

(4)　肺がんの労災認定基準立証ポイント・88

> **Column** 石綿小体・石綿繊維の検査の実施は非常に難しい・91

(5)　びまん性胸膜肥厚の労災認定基準立証ポイント・93

(6)　良性石綿胸水・95

第5章
申請書の具体的な書き方および記入例 —————— 97

1　労災保険の申請書の書き方および記入例・98

(1)　被害者存命（療養中）の場合に準備すべき申請書の書き方および記入例・98

> **Column** 胸膜プラークが明確に見つかっても療養補償給付および休業補償給付が支給されないことがある・110

(2)　被害者死亡の場合に準備すべき申請書の書き方および記入例・111

2　特別遺族給付金制度の申請書の書き方および記入例・126

3　石綿健康被害救済制度の申請書の書き方および記入例・136

(1)　被害者存命・死亡の場合に共通する注意点・136

(2)　被害者存命（療養中）の場合に準備すべき申請書の書き方および記入例・138

(3)　被害者死亡の場合に準備すべき申請書の書き方および記入例・147

4　建設アスベスト被害給付金制度の申請書の書き方および記入例・153

VI

(1) 被害者存命・死亡の場合に共通する注意点〜労災保険または特別遺族給付金受給を優先せよ〜・153

(2) 労災支給決定等情報提供サービスを利用できない場合の請求（通常請求）・155

(3) 労災保険または特別遺族給付金が認定されている場合（労災支給決定等情報提供サービスを利用した請求）・166

巻末参考資料・175

あとがき・207

索　引・209

凡　例

略称	正式名
法令	
労災保険法	労働者災害補償保険法（昭和22年法律第50号）
石綿健康被害救済法	石綿による健康被害の救済に関する法律（平成18年法律第4号）
建設アスベスト被害救済法	特定石綿被害建設業務労働者等に対する給付金等の支給に関する法律（令和3年法律第74号）
労働保険徴収法	労働保険の保険料の徴収等に関する法律（昭和44年法律第84号）
通達等	
労災認定基準	厚生労働省労働基準局長通知「石綿による疾病の認定基準について」（平成24年3月29日基発0329第2号）
建設アス認定基準	厚生労働省労働基準局長通知「特定石綿被害建設業務労働者等に対する給付金等支給要領について」（令和4年1月19日基発0119第1号）
石綿健康基準	中央環境審議会石綿健康被害判定小委員会「医学的判定に関する留意事項」（平成18年6月6日）
機関名	
労基署	労働基準監督署

第1章

はじめに
～アスベスト被害の概要～

1 アスベストと日本におけるアスベストの工業的利用の歴史

アスベストは，「石綿」（せきめん，いしわた）とも言われ，天然の繊維状ケイ酸塩鉱物である。日本の法律上は，「石綿」（せきめん）と称されることが多い。

アスベストには，いくつかの種類があり，クリソタイル（白石綿），クロシドライト（青石綿），アモサイト（茶石綿），アンソフィライト石綿，トレモライト石綿，アクチノライト石綿などがある。このうち，世界で使われた石綿の9割以上を占めるのがクリソタイルであり，ほとんどすべての石綿製品の原料として用いられている。

アスベストは，極めて細かい繊維で，熱・摩擦・酸・アルカリに強く，丈夫で変化しにくい上，加工しやすく，しかも安価という特徴をもっている。そのため，

> ○建材（吹付け材，保温・断熱材，スレート材など）
> ○摩擦材（自動車のブレーキライニング・ブレーキパッドなど）
> ○シール断熱材（石綿紡織品，ガスケットなど）

といった様々な工業製品に大量に利用されてきた。

1 アスベストと日本におけるアスベストの工業的利用の歴史　3

【図表1-1】アスベストの利用例

1　石綿原綿（わた・繊維）

青石綿（クロシドライト）

茶石綿（アモサイト）

白石綿（クリソタイル）

2　石綿吹きつけ材

茶石綿吹きつけ

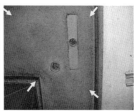
良好な吹きつけ白石綿

岩綿吹きつけ（石綿含有）

パーライト吹きつけ（石綿含有）

ひる石（バーミキュライト）吹きつけ（石綿含有）

砂壁状吹きつけ（石綿含有）

吹きつけ石綿（青石綿）
（劣化のため，天井から垂れ下がっています）

4　第1章　はじめに〜アスベスト被害の概要〜

11　石綿含有塗料・石綿含有シーリング材・石綿含有接着剤

塗料塗布用具

コーキング・シーリング用具一部

床材下地用接着剤

耐候性・耐熱性塗料

建物内外の漏水シール材として
（壁のヒビを埋めているもの）

12　石綿含有摩擦材（ブレーキパッドなど）

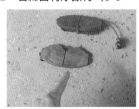
自動車用ブレーキパッド

鉄道車両用ブレーキ
（ブレーキを積み重ねた状態）

立体駐車場最上部ブレーキパッド
（モーター内）
（モータ内のためこの写真には写っていません）

自動車用ブレーキパッド
（上記，ブレーキパッドが指先の狭いところに挟まっています）

鉄道車両ブレーキ位置

エレベーター最上部ブレーキパッド
（この写真には写っていません）

〈出所〉厚生労働省「石綿ばく露歴把握のための手引」より抜粋
　　　（https://www.mhlw.go.jp/new-info/kobetu/roudou/sekimen/seihin.html）

上記のように，アスベストは，工業的な利用価値が非常に高く「魔法の鉱物」「奇跡の鉱物」とも称されもてはやされた。そのため，日本，そして世界で大量に輸出入が行われた。日本では，石綿を輸入に頼り，1960年代〜1990年代にかけて，年間約30万トンもの大量の石綿が輸入されていた。

【図表1－2】日本におけるアスベスト輸入量グラフ

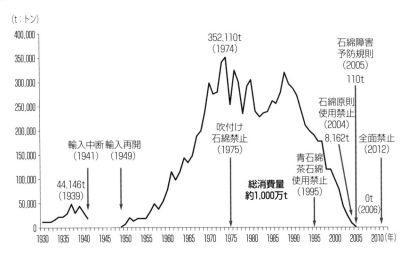

〈出所〉独立行政法人環境再生保全機構ホームページ
（https://www.erca.go.jp/asbestos/what/whats/ryou.html）に基づいて筆者作成

2 アスベストによる健康被害とその特徴

(1) アスベスト健康被害のメカニズム

アスベストは，非常に細い繊維を有している。ヒトの髪の毛の直径が$40\mu m$〜$100\mu m$なのに対し，アスベストは，$0.02\mu m$〜$0.35\mu m$の直径にすぎない。このため，アスベスト繊維は肉眼では見えず，飛散すると空気中にフワフワと浮遊し，ヒトの口から吸入されやすい。

一般的に，ヒトが異物を吸入すると，痰と混ざって体外に排出されたり，白血球が排除したりしようとする。しかし，アスベスト繊維は，丈夫で変化しにくい性質のため，肺胞に沈着すると，肺の組織内に長く滞留する。そして，排出はされないが，異物であることに変わりはないので，長期間にわたって炎症を引き起こし，肺の組織が傷つけられ続けることによって，肺の線維化（石綿肺）・肺がん・中皮腫などのアスベスト関連疾患を発症させる。

アスベスト関連疾患として，主に考えられているものは，①中皮腫，②肺がん（原発性肺がん），③石綿肺，④びまん性胸膜肥厚，⑤良性石綿胸水である。ただし，これらの疾患（特に③④）は必ずしも明確に診断されるとは限らず，病名が曖昧なまま，または別の病名で，治療や入通院が進んでいくこともしばしばあることに注意すべきである。

(2) 遅発性疾病

また，アスベスト健康被害のおそろしいところは，「遅発性疾病」であることである。遅発性疾病とは，疾病の原因となる有害物質のばく露時期と被害者が自覚できるほどの症状が発症する時期の間に相当な時間差がある疾病のことである。上記①〜⑤の疾病はいずれも，アスベストにばく露してから短くても10年，通常は30年〜50年の潜伏期間を経て発症する。上記1で述べたように，1960年代〜1990年代に工業・建設業などで大量に使用されてきたことおよびそ

の当時の労働安全衛生意識が低かったことなどから，この期間の職業ばく露者が，長期の潜伏期間を経て，50歳代〜80歳代で上記①〜⑤の疾患を発症する例が典型的である。

　被害者本人も，「何十年も前の仕事でのアスベストばく露と現在の疾患が結びついている」と認識できないことも多く，また，仮に結びついていても「何十年も前のことだから，補償してもらえないだろう，立証できないだろう」などと諦めてしまっていることもある。被害者家族であればなおさらである。とりわけ，喫煙習慣は肺疾患（特に肺がん）の要因の1つになることが明らかであるが，当時の慣習上および職業柄喫煙していた労働者も多かったことから，「タバコのせいだろう」と自己完結したり，医者に言われて諦めてしまっていたりする被害者も多い。

　しかし，**第4章3**などでも詳述するように，アスベスト給付金の認定基準に「喫煙していないこと」「喫煙習慣がなかったこと」などは存在しない[1]。そこで，たとえ相当な喫煙習慣がある／あった者でも，アスベスト給付金は支給されていることを踏まえ，アスベスト給付金申請代理業務を行っていく必要がある。

1　ただし，建設アスベスト給付金には喫煙習慣による減額制度はある（建設アスベスト被害救済法4条3項）。詳しくは，**第3章5**(5)②参照。

3　アスベスト給付金申請代理業務の全体像

　アスベスト健康被害に対する給付金の制度は，4つある。労災保険，特別遺族給付金，石綿健康被害救済制度，建設アスベスト被害救済である。

　各制度の内容は第3章で，給付金認定を獲得するための立証ポイントは第4章で，立証ポイントを踏まえた各制度に応じた申請書の書き方は第5章で，それぞれ詳述する。

　アスベスト給付金申請を適切かつスムーズに行うには，制度を利用すべき順番があることを意識する必要があり，目に付いた制度をとりあえず申請するようなことを行ってしまうと，後々に苦労することになる。

　筆者の考えるアスベスト給付制度を利用すべき順番（優先順位）は，以下のとおりである。

---

① 　労災保険（または特別遺族給付金）
② 　石綿健康被害救済制度
③ 　建設アスベスト被害救済

なぜ労災保険が最優先なのか，なぜ建設アスベスト給付金が最後なのかについては，第4章1で詳述しているので，これを参照されたい。

　被害者からの問い合わせや初回面談の時から上記優先順位を意識して，制度選択をする必要がある。上記優先順位を意識したフローチャートが巻末参考資料①（175～177頁）にあるので，ご活用されたい。

第 2 章

アスベスト関連疾患の特徴

1　アスベスト関連疾患の全体像と
アスベスト給付金制度との関連

(1)　給付金の対象となる五大アスベスト関連疾患

　アスベストばく露に起因する肺疾患がすべて給付金の対象となっているわけではない。アスベストばく露と発症の相当因果関係が医学上強いものとして，給付金の対象であるアスベスト関連疾患（対象疾病）は，法律ないし認定基準であらかじめ定められている。

　まず，労災保険，石綿健康被害救済制度，建設アスベスト被害救済制度に共通する対象疾病としては，

---

① 　中皮腫
② 　石綿肺
③ 　肺がん
④ 　びまん性胸膜肥厚

がある（労災認定基準[1]第1－1，石綿による健康被害の救済に関する法律2条1項・同法施行令1条，建設アスベスト被害救済法2条2項1～4号）。

　そして，労災保険と建設アスベスト被害救済制度のみの対象疾病（石綿健康被害救済制度は対象外）としては，

1　平成24．3．29基発0329第2号厚生労働省労働基準局長通知「石綿による疾病の認定基準について」

> ⑤ 良性石綿胸水

がある（労災認定基準第１－１，建設アスベスト救済法２条２項５号）。

【図表２－１】 アスベスト関連疾患の全体像

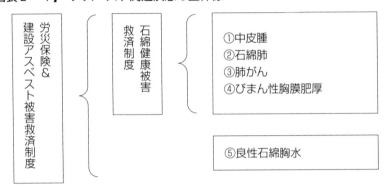

　これらは，五大アスベスト関連疾患というべきものであり，各疾患の詳しい特徴は下記２～６で，認定基準の詳説は**第４章３**で行う。
　アスベスト給付金申請の案件の特徴として，問い合わせや相談段階では，上記①～⑤が必ずしも明確に診断されているとは限らず，「間質性肺炎」「肺線維症」「胸膜炎」「肺気腫」「COPD」といった傷病名が医師から告げられているだけのことがしばしばある。特に，②石綿肺，④びまん性胸膜肥厚である場合に顕著である。認定機関には上記①～⑤のいずれかを最終的に認定させなければ給付金が支給されないため，ゴールとして意識する必要はある。しかし，問い合わせや相談段階で，上記①～⑤が診断されていないからといって，「給付金の支給は不可能だ」と考えてしまうことは，早計にすぎるので，注意されたい。

(2) 胸膜プラークの重要性

　アスベスト関連疾患に特徴的な画像所見として，胸膜プラーク（白い板状の肥厚斑）がある。厚さは，1mm～10mm程度であるが，5mm程度のものが多い[2]。
　この胸膜プラークは，時間の経過とともに徐々に厚くなり，石灰化（胸部CT縦隔条件で白く撮像される）する割合も高まるものの，癌化することはなく，それだけでは治療を要するようなものではない，良性の変化とされる。しかし，アスベストばく露に特徴的なものとして扱われており，各制度の認定基準にも広く用いられ，胸膜プラークが認められるか否かが認定／不認定を左右するので，非常に重要な所見である。労災認定基準との関係での重要性は，第4章3(4)②で詳述しているので，これを参考にされたい。

【図表2－2】胸膜プラークの肉眼像

胸壁部の胸膜プラーク　　　　横隔膜部の胸膜プラーク

 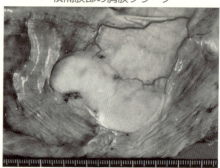

〈出所〉独立行政法人労働者健康福祉機構「新たな画像診断法　胸膜プラークの胸膜3D表示」7頁

　上記のように，手術時撮影画像などから肉眼で見ることができればベストだが，そういったケースは極めて稀であり，胸部CT画像で確認するケースが大半である。肺疾患に対しては，胸部CTを撮像することがルーティンであるか

2　井内康輝編著『石綿関連疾患の病理とそのリスクコミュニケーション』（篠原出版新社，2015年）4頁

ら,ほとんどのケースで胸部CTを取得できるので,カルテなどとともに胸部CTを取り寄せ,代理人弁護士など自ら胸部CT画像を読影して胸膜プラークに該当すると思われるスライスをピックアップし,意見書にまとめることが有用である(178頁参照)。胸部CTにおける典型的な胸膜プラークを**図表2－3**に載せておくので,参考にされたい。

【図表2－3】 胸部CT(縦隔条件)における典型的な胸膜プラーク像

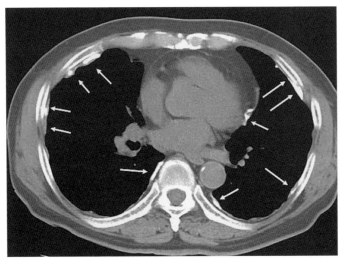

〈出所〉藤本伸一監修『患者さんとご家族のための胸膜中皮腫ハンドブック 第3版』5頁(厚生労働省労災疾病臨床研究補助金事業の助成により作成)

14　第2章　アスベスト関連疾患の特徴

2　中皮腫

(1)　特徴～胸膜・腹膜・心膜と中皮腫の関係～

　内臓は，サランラップのような薄い膜に覆われている。例えば，肺は「胸膜」に，心臓は「心膜」に，胃腸や肝臓などは「腹膜」に，それぞれ覆われている。これらの膜の表面を覆っているものが，「中皮」である。

　中皮腫は，中皮細胞から発生する悪性の腫瘍（がん）のことである。中皮腫のうち，90％程度が胸膜中皮腫である。残りの10％程度は，腹膜中皮腫である。

　中皮腫のアスベストばく露との関連性は非常に高く，「ほとんどが石綿に起因するものと考えられる」[3]とされており，労災保険・石綿健康被害救済制度いずれも，累計認定件数1位の代表的なアスベスト関連疾患である。初めてのアスベストばく露から発症までの期間（潜伏期間）は，40～50年と非常に長く，20年以下は非常に少なく，10年未満の例はない[4]。

　中皮腫の確定診断をすることは非常に難しく，通常，病理学的所見なしでは中皮腫と判定することはできない。

(2)　症　状

　胸膜中皮腫では，息切れ・胸痛・胸水貯留・咳・発熱・全身倦怠感・体重減少などである。

　腹膜中皮腫では，腹痛・腹部膨満感・腹水貯留などである。

3　平成18.6.6中央環境審議会石綿健康被害判定小委員会「医学的判定に関する留意事項」2頁

4　独立行政法人環境再生保全機構「石綿と健康被害　石綿による健康被害と救済給付の概要」（2024年8月）11頁

3　石綿肺

(1)　特　徴

　肺が線維化・瘢痕化する「じん肺（塵肺）」の一種である。中皮腫が家庭内ばく露などの少量・短期間のアスベストばく露でも発症するとされている一方で，石綿肺は，アスベストを大量かつ長期間（通常10年以上）吸入しないと発症しないとされている。肺がんとの合併もしばしば起こる。

　潜伏期間は15～20年であるが，軽度の石綿肺は進行が遅く[5]，筆者も，最後のアスベストばく露時期が20年以上前と思われる被害者が「加齢による体力の低下とともに肺機能障害の症状が一気に進行して相談に来る」という石綿肺被害者の方をしばしば経験している。

(2)　症　状

　初期に労作時の息切れ・咳・痰が多くみられる。アスベストばく露を中止しても，線維化の画像所見は徐々に進行し，肺活量の低下も進み，日常生活に障害をもたらす。

5　独立行政法人労働者健康安全機構アスベスト疾患研究・研修センターホームページ「アスベスト疾患とは」（https://www.okayamah.johas.go.jp/asbestoscenter/disease.html）

Column
隠れ石綿肺を見つけ出せ！
～間質性肺炎，肺線維症～

　石綿肺またはじん肺は，間質性肺炎およびそれが進行した肺線維症の一種である。そのため，アスベストとの関連性を意識されずに，または意識されていても，単に「（びまん性）間質性肺炎」や「肺線維症（IPF）」と診断されるにとどまっていることがしばしばあり，本来的には「石綿肺」と診断されるべきものが，相当数，特発性肺線維症（IPF）または特発性ないし原因不明の間質性肺炎と誤分類されていることが示唆されている（毛利一平「石綿ばく露と石綿肺・間質性肺炎：疫学的視点からの問題提起」社会労働衛生17巻2号64～67頁）。

　しかし，そのような診断にとどまっていることだけで，アスベスト給付金申請ができない，不支給になるということはない。むしろ，申請して調査が進んだ結果，「石綿肺」であるとされて，アスベスト給付金が支給されることも多い。先例でも，「間質性肺炎」と診断名が付いていることによって，特発性ないし原因不明の間質性肺炎にすぎないとして，当初労災認定されなかったケースが散見される。例えば，労働保険審査会取消裁決令3.4.16，福岡高判令4.2.22令和3年（行コ）30号（一審：長崎地判令3.6.21判時2527号）であるが，これらは，労働基準監督署による不支給処分が取り消されている。

　他の疾病にもいえることだが，問い合わせや相談段階ではっきりと対象疾病と診断されていなくとも，アスベストばく露内容（職種やばく露時期・期間），症状，治療内容などを丁寧に聴き取り，隠れた対象疾病をあぶり出す意識が重要である。

4　肺がん

(1)　特　徴

　肺がんは，日本人男性の罹患するがんのうち最も多いものであるが，労災保険・石綿健康被害救済制度いずれでも，累計認定件数2位のアスベスト関連疾患である。

　もっとも，申請に至っていない暗数が相当数あるように思われる疾患でもある。なぜなら，肺がんは，他の要因，特に喫煙を大きな因子として発症する疾患であるため，一定程度のアスベストばく露があっても，

○被害者自身や家族が「たくさん喫煙していたから，そのせいだろう」「喫煙していたから，アスベスト給付金はもらえないだろう」と自己解決してしまっているケース

○被害者自身や家族がたとえアスベストばく露の過去やアスベストが原因である旨を医師に訴えていても，当該被害者に喫煙習慣があると，医師が「喫煙が原因だ」「アスベストが原因かどうかはわからない（因果関係を断定できない）」と説明し，その説明を受けた被害者自身や家族が諦めてしまっているケース

などが相当数あるように思われるからである。そのため，「喫煙歴があっても，アスベスト給付金は受給できる可能性がある」ということを十分に周知・案内していくことが特に必要な疾患である。

(2)　症　状

　咳・痰・血痰といった症状がよくみられるが，無症状で，健康診断の一環として撮像した胸部X線や胸部CT検査の異常によって発見される例も多い。

5　びまん性胸膜肥厚

(1)　特　徴

　臓側胸膜（肺を覆う胸膜）の慢性・線維性の胸膜炎症である。典型的には，壁側胸膜（胸壁を覆う膜）にも病変が及んで，両者が癒着する。石綿肺に合併したり，良性石綿胸水の後遺症として生じたりすることも多く，良性石綿胸水を呈した患者の約半数がびまん性胸膜肥厚を残すとされている[6]。

　潜伏期間は，30～40年であり，アスベストばく露期間は3年以上の例がほとんどである。

(2)　症　状

　呼吸困難，反復性の胸痛，反復性の呼吸器感染などである。

6　井内康輝編著『石綿関連疾患の病理とそのリスクコミュニケーション』（篠原出版新社，2015年）7頁

6 良性石綿胸水（石綿胸膜炎）

(1) 特　徴

　胸水とは，胸腔内に体液が貯留することであり，アスベスト以外にも，結核などの感染症，膠原病，外傷，慢性尿毒症，心不全など様々な要因によって生ずる。石綿粉じんを吸入することによって，胸腔内に胸膜炎による胸水が生ずる場合を，特に「良性石綿胸水」という。「良性」とは，「悪性腫瘍（がん）ではない」という意味であり，症状や予後が良好であることは含意しない。

　「アスベストばく露以外に胸水貯留の原因がない」という網羅的な除外診断をする必要があるので，確定診断が難しい病気である。そういった理由もあり，労災保険および建設アスベスト給付金では給付金支給の対象疾病ではあるものの，他の対象疾病とは異なり，具体的な認定基準は定められていない。なお，石綿健康被害救済制度では，対象疾病ではないことも留意されたい。

　比較的高濃度の石綿粉じんを吸入することによって生じ，潜伏期間は平均40年である。胸水の持続期間は平均3〜6カ月で約半数は自然に消失する。しかし，中には何度も繰り返すことにより，びまん性胸膜肥厚が続発して呼吸機能障害をきたすことがある。また，初期の胸膜中皮腫は，胸水を呈することが多く，これとの鑑別が重要である。筆者の経験上も，当初は「良性石綿胸水」と診断されていたが，治療・検査の結果，「胸膜中皮腫」と診断がなされた例がある。

(2) 症　状

　呼吸困難・胸痛などである。しかし，自覚症状がなく，健康診断などの胸部X線で胸水が発見されることもある。

7　その他のアスベスト関連疾患
〜円形無気肺，COPD（慢性閉塞性肺疾患），肺気腫など〜

　上記2〜6が，典型的なアスベスト関連疾患であり，アスベスト給付金の対象疾病にもなっている疾病（ただし，良性石綿胸水は石綿健康被害救済制度において非対象）である。

　しかし，アスベストばく露によって肺・胸膜に多彩な病変が発生することから，上記対象疾病のみがアスベスト関連疾患のすべてというわけではない。以下では，アスベスト被害給付金の対象疾病ではないものの，アスベストばく露と関連性があり得る疾病を解説する。

　以下の疾病の診断にとどまるからといって，それだけで「対象疾病が除外診断されている」と考えるのは早計である。とりわけ，アスベストばく露に特異な画像所見である胸膜プラークの有無に着目しつつ，対象疾病も診断可能でないかどうかを主治医とコミュニケーションを取っていく必要があることに留意されたい。

(1)　円形無気肺

　無気肺とは，肺の一部または全体に空気がなく，肺が潰れた状態である。円形無気肺は，肺の末梢に生ずる瘢痕性無気肺であるが，胸部CTで2.5cm〜5cm程度の円形または類円形の腫瘤像を示すため，このように呼称される。

　良性石綿胸水後に発生することも多いが，結核性胸膜炎，感染症後の胸膜炎，うっ血性心不全なども原因となり得る。

　自覚症状はない場合も多いものの，咳，喀痰，胸痛，呼吸困難などを訴えることもある。

(2)　COPD（慢性閉塞性肺疾患），肺気腫

　COPD（慢性閉塞性肺疾患）とは，気道が狭くなる状態（閉塞）が持続する

（慢性）病気である。COPDの最大の原因は，喫煙である。

COPDは，肺気腫もしくは慢性閉塞性気管支炎またはその両方を伴って発症する。

肺気腫は，肺を構成している空気の袋（肺胞）を支えている細胞（肺胞壁）が広範囲かつ不可逆に破壊されて肺胞が合わさってしまい，ガス交換ができにくくなる疾病である。「肺気腫」と診断されているが，実は，石綿肺（アスベストばく露を原因とする間質性肺炎・肺線維症）ということがしばしばあるので，そのような可能性に注意を要する。

(3) 卵巣がん，咽頭がん，後腹膜繊維症

アスベスト健康被害に関する国際的な基準である「石綿，石綿肺，及びがん，診断及び原因判定に関するヘルシンキクライテリア2014年版：勧告」（日本語版：産業医学ジャーナル，VOL39(5)，2016年，57頁）によると，2014年にアスベスト関連疾患として，卵巣がん，咽頭がん，後腹膜線維症も追加された。

国が用意しているアスベスト給付金制度では，現時点で給付金の対象となっていないが，地方自治体が独自に設けているアスベスト健康被害補償制度の対象疾病になっていることがある[7]。

7　例えば，藤沢市の浜見保育園アスベスト健康被害対策補償・給付制度である（https://www.city.fujisawa.kanagawa.jp/hoiku/hamamihoikuen/asubesutotaisaku.html）。

第 3 章

４つのアスベスト
給付金制度の特徴

1 アスベスト給付金制度の全体像

　国が用意しているアスベスト給付金制度には，4つの制度がある。①労災保険，②特別遺族給付金制度，③石綿健康被害救済制度，④建設アスベスト被害給付金制度である。

　これらの制度は，いずれも**第2章2〜6**で詳述したアスベスト関連疾患を救済対象としているものの（ただし，良性石綿胸水について石綿健康被害救済制度は対象外），給付対象者・給付内容が相当程度異なっているばかりでなく，認定機関も異なり，併給の可否等も複雑である。被害者の属性・類型ごとに，利用可能な制度の典型的なパターンは，**【図表3－1】**のとおりであるので，参考にされたい。また，制度の概要は下記2〜5で詳述し，制度相互間の関係（併給可否・支給調整）は下記6で詳述しているので，そちらを参照されたい。

【図表3－1】 アスベスト健康被害の主な類型

被害類型	アスベスト製品生産工場の労働者被害型	土木業・建設業等屋内作業被害型	アスベスト製品生産工場の周辺住民等その他の被害型
典型例	アスベスト製品を生産していた工場の労働者	大工(墨出し,型枠を含む),左官,鉄骨工（建築鉄工），溶接工,ブロック工，軽天工，タイル工,内装工，塗装工,吹付工，はつり,解体工，配管設備工，ダクト工,空調設備工，空調設備撤去工,電工・電気保安工，保温工，エレベーター設置工，自動ドアエ,畳工，ガラス工，サッシ工，建具工，清掃・ハウスクリーニング,現場監督，機械工，防災設備工,築炉工	アスベスト製品生産工場の周辺に住んでいる住民，アスベスト建材が用いられた住居の住民などアスベスト健康被害者一般
利用可能な制度の典型例	☑①労災保険（②特別遺族給付金制度） ☑③石綿健康被害救済制度 □④建設アスベスト給付金制度 ☑⑤訴訟による国家賠償訴訟（⑥加害者に対する損害賠償訴訟）	☑①労災保険（②特別遺族給付金制度） ☑③石綿健康被害救済制度 ☑④建設アスベスト給付金制度 □⑤訴訟による国家賠償訴訟（⑥加害者に対する損害賠償訴訟）	□①労災保険（②特別遺族給付金制度） ☑③石綿健康被害救済制度 □④建設アスベスト給付金制度 □⑤訴訟による国家賠償訴訟（⑥加害者に対する損害賠償訴訟）

2　アスベスト被害を理由とする労災保険

(1)　概　要

　労働者または労災保険の特別加入時に業務でアスベストにばく露し，アスベスト関連疾患に罹患した場合には，労災保険の対象となる。あくまで労災保険の枠組みで救済を図るものなので，給付内容は，一般的な労災保険の内容と変わらず，療養補償給付，休業補償給付，遺族補償給付，葬祭料が中心となる。アスベスト被害者に特有の給付内容がないとはいえ，(2)(3)で詳述するように，とりわけ休業補償給付および遺族補償給付は手厚い補償となっており，労災保険が使えるのであれば，石綿健康被害救済制度よりも優先的に利用すべきである。

　労働災害補償保険法の建前上は，ある疾患が「業務上の事由による」かどうか，つまり，業務とある疾患との間の相当因果関係が立証されれば，労災保険の対象となり得る。しかし，アスベスト被害を理由とする労災保険認定実務では，平成24.3.29基発0329第2号厚生労働省労働基準局長通知「石綿による疾病の認定基準について」[1]が事実上のルールとして大きな影響を与えており，これに該当するか否かが決定的に重要である。

　従来アスベスト被害救済は，労災保険の枠組みを利用して行われてきたところがある。それゆえ，後に述べる石綿健康被害救済制度や建設アスベスト被害給付金制度の認定基準も，労災認定基準を参照して策定されているように思わ

1　厚生労働省ホームページ「労災補償関係リーフレット等一覧」「石綿による疾病の認定基準」(https://www.mhlw.go.jp/new-info/kobetu/roudou/gyousei/rousai/061013-4.html)からダウンロードできる。

　また，厚生労働省ホームページ「労災補償」「業務上疾病の認定等」(https://www.mhlw.go.jp/stf/seisakunitsuite/bunya/koyou_roudou/roudoukijun/rousai/gyomu.html)から，「業務上疾病の認定基準及び関連通達集」がダウンロードできる。この上巻に石綿関連疾患の主要通達がまとめられているので，大変有用である。

26 第3章 4つのアスベスト給付金制度の特徴

れ，相当程度類似したところがあるので，労災認定基準を理解することはアスベスト被害給付金の申請実務においては，極めて重要である。

労災認定基準で定められている対象疾病は，石綿肺，肺がん，中皮腫，びまん性胸膜肥厚，良性石綿胸水である。石綿健康被害救済制度と異なり，良性石綿胸水も対象疾病に入っていることが特徴である。

対象疾病ごとの医学的な特徴等は第2章に，対象疾病ごとの労災認定基準のポイントは第4章にそれぞれ詳述しているので，そちらを参照されたい。

⑵ 対象疾病の療養者に対する労災保険給付の主な内容

対象疾病を理由として治療を要する者に対しては，以下が主な給付内容である。

① 療養補償給付

労災保険法13条に基づく，いわゆる病院の治療費である。請求書は，様式第5号である。対象疾病は町医者・クリニックで対処できるような疾病ではないため，発症した患者は，通常，中規模以上の病院で治療を続けることになるであろうが，そういった病院はほとんど労災指定病院である。その場合，療養補償給付請求書（様式第5号）を病院に提出し，病院経由で労基署に療養補償給付を請求することになる。

療養補償給付請求書が労災指定病院に提出されると，一般的には，病院は，労災保険の支給決定がなされるまでの間も，労災保険適用扱いにされ，患者は病院窓口で支払はしなくて済むようになる。

② 休業補償給付

対象疾病を発症した患者が，療養のため労働することができない場合に，賃金を受けない日の4日目（3日目までは「待機期間」として休業補償給付の対象外）から休業補償給付を受けることができる（労災保険法14条）。計算式は，

> （給付基礎日額）×｛（法定給付分60%）＋（特別支給分20%）｝

である。請求書は，様式第8号である。

アスベスト被害の休業補償給付に特徴的なことは，以下の3つに集約できる。

給付基礎日額算定の困難性

　業務災害の原因（アスベストばく露）が数十年前であるため，給付基礎日額を一般的な「直近3ヵ月の平均賃金」（労災保険法8条1項，労働基準法12条）で算定することができないことが多い。その場合には，業種・職種等に応じた平均賃金に基づく給付基礎日額を都道府県労働局長が認定する形式をとる（労災保険法8条2項，同法施行規則9条1項4号）。この場合の給付基礎日額は，業種・職種にもよるが，1万円～1万5,000円程度が多い。

発症当時または発症後に無職であっても休業補償給付の対象

　よく依頼者から「いまは労働者じゃないのに（無職なのに）休業補償給付が支給されるのですか？」と聞かれるが，問題なく支給対象である。あくまで，労災保険の枠組みなので，「業務災害によって治療を受けている」「当該疾病によって労働することができない（就労不能）」「それによって賃金を受けていない」という休業補償給付の一般的要件さえ満たせば，休業補償給付の支給対象となる。有職で賃金を受けていると，「賃金を受けていない」という要件を満たさなくなるので，むしろ休業補償給付を受給できなくなってしまう。

治療が続く限り一生涯休業補償給付が支給される

　対象疾病の治療による入院または通院が行われている限りは，休業補償給付の支給対象であり続ける。例えば，給付基礎日額が1万円だとすると，（1万円／日）×｛（法定給付分60%）＋（特別支給分20%）｝×365日＝292万円／年が支給されることになる。ただし，年金のように一度認定されたら自動的に支給され続けるというわけではなく，療養期間ごとに休業補償給付請求書（様式第8号）の提出が必要になるので，忘れずに労基署へ提出しよう。

Column
障害補償給付は支給対象になり得るか？

　労災保険の中で金額の大きい給付内容として，障害補償給付がある。これは，治ゆ（症状固定）時の後遺障害に対して障害等級1〜14級に応じて給付がなされるものである（労災保険法15条）。「アスベスト被害について，障害補償給付の支給対象にならないのだろうか？」と疑問に思った読者もいるだろう。これに対しての回答としては，「理屈上は支給対象になり得るだろうが，実際上支給対象になる例は極めて少ない」となろう。

　なぜなら，肺疾患たるアスベスト関連疾患は，外傷と異なり，「一度発症すると，時間の経過とともに悪化はすれど，改善や回復はしがたい」という特徴を持つからである。そのため，「治療によって症状の進行を一定程度緩和させてはいるが，時間の経過とともに段々と身体が弱ってきて，やがて死亡してしまう」という推移をたどる方が多いのが実情である。

2　アスベスト被害を理由とする労災保険　29

⑶　対象疾病を原因とする死亡者の遺族に対する労災保険給付の主な内容

　対象疾病を原因として死亡した者の遺族に対しては，以下が主な給付内容である。

①　遺族補償給付
　労災保険法16条～16条の９に基づく，被災労働者の遺族に対する生活保障の趣旨で給付される給付である。
　遺族補償給付には，「遺族補償年金」（請求書＝様式第12号）と「遺族補償一時金」（請求書＝様式第15号）の２種類がある。

　ア　遺族補償年金
　遺族補償年金は，以下の受給資格者（被害者の死亡当時その収入によって生計を維持していた者に限る）のうち，最先順位にある者が受給権者となる。
　○妻[2]または60歳以上または一定障害[3]の夫[2]
　○18歳に達する日以後の最初の３月31日までの間にある，または一定障害の子
　○60歳以上，または一定障害の父母
　○18歳に達する日以後の最初の３月31日までの間にある，または一定障害の孫
　○60歳以上，または一定障害の祖父母
　○18歳に達する日以後の最初の３月31日までの間にある，60歳以上，または一定障害の兄弟姉妹
　○55歳以上60歳未満[4]の夫

2　労災保険法上，「妻」「夫」「配偶者」には，婚姻の届出（法律婚）をしていなくても，事実上婚姻関係と同様の事情にあった場合（いわゆる内縁関係）も含まれる（労災保険法16条の２第１項ただし書・かっこ書・同項１号かっこ書，労災保険法11条１項かっこ書）。

3　一定の障害とは，障害等級第５級以上の身体障害をいう（労災保険法16条の２第１項４号，同法施行規則15条）。

4　55歳以上60歳未満の夫・父母・祖父母・兄弟姉妹は，受給権者となっても，60歳になるまでは年金の支給は停止される（若年停止）。

○55歳以上60歳未満の父母

○55歳以上60歳未満の祖父母

○55歳以上60歳未満の兄弟姉妹

イ　遺族補償一時金

遺族補償一時金は，上記アの受給資格者が誰もいない場合に，以下の受給資格者のうち，最先順位者にある者が受給権者となる。

○配偶者

○被害者の死亡当時その収入によって生計を維持（以下「生計維持関係」という）していた子

○生計維持関係にあった父母

○生計維持関係にあった孫

○生計維持関係にあった祖父母

○生計維持関係にない子

○生計維持関係にない父母

○生計維持関係にない孫

○生計維持関係にない祖父母

○兄弟姉妹

2　アスベスト被害を理由とする労災保険　　31

　遺族補償年金と遺族補償一時金の給付内容は，以下の表のとおりである。

【図表3－2】　遺族補償年金と遺族補償一時金の給付内容

	保険給付	特別支給金
遺族補償年金	遺族数に応じ，給付基礎日額の 遺族1人　153日分 遺族2人　201日分 遺族3人　223日分 遺族4人以上　245日分 の年金を支給	【遺族特別支給金】 遺族の数にかかわらず，一律 300万円の一時金を支給 【遺族特別年金】 遺族数に応じ，算定基礎日額の 遺族1人　153日分 遺族2人　201日分 遺族3人　223日分 遺族4人以上　245日分 の年金を支給

	保険給付	特別支給金
遺族補償一時金	給付基礎日額の1,000日分の一時 金を支給	【遺族特別支給金】 遺族の数にかかわらず，一律 300万円の一時金を支給 【遺族特別年金】 算定基礎日額の1,000日分の一時 金を支給

Column
遺族補償給付の受給権者が複数いる場合には，代表者の選任が必要

　被害者の妻もすでに死亡していて子が2人以上いる場合が典型例であるが，遺族補償給付の受給権者が複数存置する場合がある。この場合，複数の受給権者はそれぞれ頭割りで遺族補償給付を受給する権利があることになるものの（民法427条），労基署との関係では，原則として，請求および受領についての代表者を選任し，書面で届け出なければならない（労災保険法施行規則15条の5）。

　上記選任（および解任）に用いられている書式が，「遺族補償年金代表者選任／解任届」（年金申請様式第7号）である。遺族補償年金とあるが，遺族補償一時金の場合でも同様の代表者選任が必要である（労災保険法施行規則16条4項）。そこで，弁護士法人シーライトでは，遺族補償給付請求権者が複数いることが判明した段階で，年金にも一時金にも利用可能なように「遺族補償給付代表者選任／解任届」を請求権者全員から取りつけている（179頁参照）。

　一部の請求権者が海外にいるなど，上記選任届の郵送での取りつけに苦労する場合には，電子契約システムを用いて署名をもらうようにすれば，電子メールでのやりとりで完結するので，便利である。

② 葬祭料

　葬祭を執り行った遺族に対して，

315,000円＋（給付基礎日額の35日分）
または
給付基礎日額の60日分

のどちらか多いほうが支給される（労災保険法17条）。請求書は，様式第16号
である。

　通常は，遺族補償給付の受給権者と葬祭料の受給権者は一致するが，別々に
なることもある。

③　未支給の労災保険給付

　例えば，被害者が休業補償給付を請求しないまま死亡してしまった場合のよ
うに，未支給の労災保険給付があるときに，遺族がその労災保険給付を引き継
いで請求することができる。これを「未支給の労災保険給付」という（労災保
険法11条）。請求書は，様式第4号である。アスベスト被害の場合，療養が長
期間にわたっていることも多いが，その場合，休業補償給付は数百万円になっ
ていることもあるので，忘れずに請求しておきたい。

　未支給の労災保険給付の請求権者は，以下の受給資格者（元々の受給権者と
の死亡当時その収入によって生計を維持していた者に限る）のうち，最先順位
にある者である。

○配偶者（内縁関係を含む）
○子
○父母
○孫

○祖父母
○兄弟姉妹

(4)　消滅時効

上記(2)(3)で述べた労災保険給付内容について，【図表3－3】のとおりに消滅時効およびその起算点をまとめておいた。

【図表3－3】　労災保険給付の消滅時効

保険給付の種類	消滅時効	
	起算点	期間
療養補償給付	療養の費用を支出した日の翌日	2年
休業補償給付	賃金を受けない日ごとにその翌日	2年
障害補償給付	治ゆ日（症状固定日）の翌日	5年
遺族補償給付	被災労働者が死亡した日の翌日	5年
葬祭料	被災労働者が死亡した日の翌日	2年

3 特別遺族給付金制度

(1) 概 要

特別遺族給付金は，石綿健康被害救済法第三章（59条～74条）によって創設された，労災保険の遺族補償給付を補完する制度である。アスベスト被害の特徴は，ばく露から数十年も経ってから発症するため，「業務が原因と気づかず又は労災保険申請ができると思わないまま死亡し，遺族補償給付の消滅時効（5年）も徒過させてしまう」といった事態が多くある。

そこで，労災保険の遺族補償給付のうち消滅時効を経過してしまった遺族を救済する目的で設けられたのが特別遺族給付金である。あくまで，労災保険の「遺族補償給付」のみを救済対象とするので（石綿健康被害救済法59条1項），例えば，消滅時効を徒過した休業補償給付や葬祭料などは救済の対象外である。

特別遺族給付には，「特別遺族年金」と「特別遺族一時金」の2種類があり，それぞれ労災保険の「遺族補償年金」と「遺族補償一時金」に相応する。

(2) 受給権者

① 特別遺族年金

配偶者（内縁を含む），子，父母，孫，祖父母および兄弟姉妹のうち，次の要件をすべて満たす者が受給資格者である（石綿健康被害救済法60条）。受給資格者が複数いる場合には，上記順序で先順位の者が受給権者である。

一 死亡労働者等の死亡の当時その収入によって生計を維持していたこと
二 妻（内縁を含む）以外の者にあっては，被害者の死亡当時に，次のイからニまでのいずれかに該当すること
　イ 夫（内縁を含む），父母または祖父母→55歳以上

ロ　子または孫→18歳に達する日以後の最初の3月31日までの間にあること

ハ　兄弟姉妹→18歳に達する日以後の最初の3月31日までの間にあることまたは55歳以上であること

ニ　イからハまでの要件に該当しない夫，子，父母，孫，祖父母または兄弟姉妹→障害等級第5級以上の身体障害にあること

三　被害者の死亡時から石綿健康被害救済法60条1項柱書所定の期間の間，次のイからホまでのいずれにも該当しないこと

イ　婚姻（内縁を含む）をしたこと

ロ　直系血族または直系姻族以外の者の養子（事実上の養子縁組を含む）となったこと

ハ　離縁によって，被害者との親族関係が終了したこと

ニ　子，孫または兄弟姉妹→18歳に達した日以後の最初の3月31日が終了したこと

※被害者死亡時から引き続き障害等級第5級以上の身体障害にあるときを除く

ホ　障害等級第5級以上の身体障害にある夫，子，父母，孫，祖父母または兄弟姉妹→その事情がなくなったこと

※以下のときを除く

〇夫，父母または祖父母について，被害者の死亡時55歳以上であったとき

〇子または孫について，18歳に達する日以後の最初の3月31日までの間にあるとき

〇兄弟姉妹について，18歳に達する日以後の最初の3月31日までの間にあるかまたは被害者の死亡時55歳以上であったときを除く

② 特別遺族一時金

　特別遺族一時金は，特別遺族年金の受給資格者が誰もいない場合に，以下の受給資格者のうち，最先順位にある者が受給権者となる（石綿健康被害救済法62条・63条）。

```
○配偶者
○被害者の死亡当時その収入によって生計を維持（以下「生計維持関係」とい
　う）していた子
○生計維持関係にあった父母
○生計維持関係にあった孫
○生計維持関係にあった祖父母
○生計維持関係にない子
○生計維持関係にない父母
○生計維持関係にない孫
○生計維持関係にない祖父母
○兄弟姉妹
```

(3) 給付内容

　特別遺族年金は，請求のあった日の属する月の翌月分から（石綿健康被害救
済法64条 2 項によって準用される 9 条），遺族の人数に応じて，【図表 3 － 4 】
のとおりの額が支給される（石綿健康被害救済法59条 3 項，同法施行令15条）。

【図表 3 － 4 】　特別遺族年金の給付内容

遺族人数	年金額
1 人	年240万円
2 人	年270万円
3 人	年300万円
4 人以上	年330万円

　特別遺族一時金は，1,200万円である（石綿健康被害救済法59条 4 項，同法
施行令16条）。

⑷ 請求期限

　改正によりたびたび延長が繰り返されているが，令和 4 年 6 月17日施行の改正石綿健康被害救済法では，令和14年（2032年） 3 月27日まで請求期限が延長されている（石綿健康被害救済法59条 5 項）。

4　石綿健康被害救済制度

(1)　概　要

　石綿健康被害救済制度は，石綿健康被害救済法第二章（3条～58条）によって創設された制度である。本制度は，一定の基準を満たす対象疾病に罹患した者に対し，業務上か否か，労災保険の対象か否かは問わず，給付金を支給する。中心となる対象者は，「業務でばく露したが，ばく露従事期間がずっと自営業のため労働者でない（特別加入もしていない）」，「業務外（例えば，アスベスト工場周辺住民）でばく露した」などの者である。

　この制度は，第2章で述べたアスベスト被害の特殊性に鑑みて，アスベストばく露に特徴的な疾患に罹患した者を広く救済することを目的としている。アスベスト被害が「公害」であるという考えに基づき，環境省が管轄しており，認定・審査の事務手続は，独立行政法人環境再生保全機構が担っている。同機構ホームページには，本制度の手引き・様式などが公開されているので[5]，活用するとよい。

　また，本制度の対象疾病は，石綿肺，肺がん，中皮腫，びまん性胸膜肥厚である（石綿健康被害救済法2条1項・同法施行令1条）。労災保険および建設アスベスト被害救済制度と異なり，良性石綿胸水は，対象疾病でないことに注意を要する。

　石綿健康被害救済給付の認定にあたっては，中央環境審議会の諮問することが手続上求められているところ（石綿健康被害救済法10条），平成18.6.6中央環境審議会石綿健康被害判定小委員会「医学的判定に関する留意事項」（石

5　独立行政法人環境再生保全機構ホームページ「アスベスト（石綿）健康被害の救済」「パンフレット・手引きなどのダウンロード」（https://www.erca.go.jp/asbestos/general/pamp_dl.html）からダウンロードできる。

綿健康基準）[6]が事実上のルールとして大きな影響を与えており，これに該当するか否かが決定的に重要である。前述したように，石綿健康基準は，労災認定基準と相当程度同様の部分もあるが，ところどころ異なるポイントがあるので，注意が必要である。

　対象疾病ごとの医学的な特徴等は**第2章**にて詳述しているので，そちらを参照されたい。

⑵　対象疾病の療養者（存命者）に対する石綿健康被害救済給付金の内容

　対象疾病の療養中に，石綿健康被害救済給付金の認定がなされると，「石綿健康被害医療手帳」が交付され，これを医療機関に提示することで，対象疾病の治療費は自己負担なしになる。

6　独立行政法人環境再生保全機構ホームページ「アスベスト（石綿）健康被害の救済」「医療関係者向け情報」（https://www.erca.go.jp/asbestos/medical/）からダウンロードできる。

【図表3-5】 石綿健康被害医療手帳（赤い手帳）

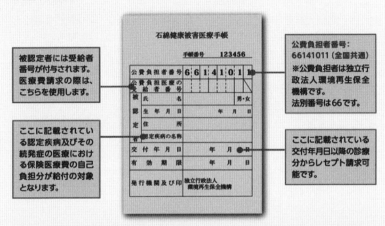

〈出所〉 独立行政法人環境再生保全機構「石綿健康被害救済制度の医療費について」

42 　第3章　4つのアスベスト給付金制度の特徴

　さらに「療養手当」として月10万円ほどが療養の続く限り支給される。

　上記の内容をまとめると，【図表3－6】のとおりである（石綿健康被害救済法11～13条・16条，同法施行令5条）。

【図表3－6】　療養者（存命者）に対する石綿健康被害救済制度の給付内容

給付の種類	給付請求権者	支給内容
医療費 （石綿健康被害医療手帳の提示により，窓口自己負担なし）	被害者本人	指定疾病に関する医療費自己負担部分（現物支給）
石綿健康被害医療手帳が交付されるまでの間の医療費	被害者本人	指定疾病に関する医療費自己負担部分（償還払い）
療養手当	被害者本人	月103,870円を2カ月に1回払い

Column
石綿健康管理手帳，じん肺健康管理手帳

　石綿健康被害医療手帳と似たような名前で異なるものとして，次のような「石綿健康管理手帳」「じん肺健康管理手帳」がある。これらは，表紙の色から通称「黄色い手帳」などと言われることもある。手帳の記載内容などは，労働安全衛生規則様式第8号（第54条関係）を参考にするとよい。

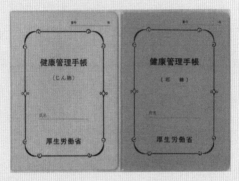

〈出所〉　厚生労働省奈良労働局「じん肺，じん肺健康診断，じん肺管理区分について」8頁

　これらは，労働安全衛生法67条，労働安全衛生法施行令23条，労働安全衛生規則53条に基づき，一定の健康障害を生ずるおそれのある業務に従事していた者に対し都道府県労働局長が交付するものである。アスベストばく露業務に従事していた者が，離職の際に，または離職の後に，勤務先または自身が申請して交付を受けていることもしばしばある。

　石綿健康管理手帳の交付を受けると石綿健康診断を半年に1回，じん肺健康管理手帳の交付を受けると1年に1回，指定医療機関において受診することができる。その結果や医師の所見が手帳の中に記載されているので，胸膜プラークの有無や胸膜肥厚の有無・程度などが判明することがある。

　また，表紙をめくって2頁目には，「従事した業務」（石綿健康管理手帳の場合），「従事した粉じんに係る業務」（じん肺健康管理手帳の場合）という記載欄があるが，ここには，被害者の申請に基づくばく露業務の詳細が記載されているので，聴取の際などの参考になる。

44　第3章　4つのアスベスト給付金制度の特徴

⑶　対象疾病を原因とする死亡者の遺族に対する石綿健康被害救済給付
　金の主な内容

　対象疾病を原因として死亡した場合には，遺族に対し，（特別）葬祭料，特
別遺族弔慰金（生前に療養手当等を受けていた場合には280万円との差額）が
支給される。給付内容・給付請求権者をまとめると，【図表3－7】のとおり
である（石綿健康被害救済法19～23条，同法施行令6条・7条）。

【図表3－7】　死亡者に対する石綿健康被害救済制度の給付内容

給付の種類	給付請求権者	支給内容
（特別）葬祭料	葬祭を行った人	199,000円
Ⅰ　特別遺族弔慰金 　　OR Ⅱ　救済給付調整金	被害者の死亡当時，被害者と生計を同じくしていた者で，以下の順位の最上位の者。 ①　配偶者（内縁を含む） ②　子 ③　父母 ④　孫 ⑤　祖父母 ⑥　兄弟姉妹	Ⅰ　被害者が医療費および療養手当の給付を受けずに死亡している場合 →280万円 Ⅱ　被害者が医療費または療養手当の給付を受けてから死亡している場合 →受け取った金額（医療費＋療養手当）＜280万円の場合に，その差額

⑷ 請求期限

対象疾病が新たに追加された改正法との兼ね合いなどで，対象疾病や石綿健康被害救済法施行日と死亡日先後関係によって，非常に複雑化しているが，

○中皮腫または肺がんを原因とする被害者の請求期限は，最も早くて2032年3月27日
○石綿肺またはびまん性胸膜肥厚を原因とする被害者の請求期限は，最も早くて2036年7月1日

であることを押さえておけばよいだろう。

より詳しくは，独立行政法人環境再生保全機構「石綿〈アスベスト〉健康被害救済制度　救済給付のしくみ」に記載があるので，それを参照するとよい。

5　建設アスベスト被害給付金制度

(1)　概　要

　建設アスベスト被害給付金制度は，建設アスベスト被害救済法（正式名称：特定石綿被害建設業務労働者等に対する給付金等の支給に関する法律）1条で明言されているように，最判令3.5.17民集75.5.1359（いわゆる「建設アスベスト神奈川第一陣訴訟」）が元となって創設された。

　本制度は，主に建設業に従事してアスベストにばく露して健康被害を負った被害者に対し，同判決の認定と同様の水準で肉体的・精神的苦痛に対する慰謝料相当額の給付金を，厚生労働省が給付する制度である。いわば「アスベスト被害の慰謝料を行政の枠組みで支給する」制度といえよう。

　管轄は，厚生労働省であり，同ホームページの「建設アスベスト給付金制度について」というページには，本制度の手引き・パンフレット・様式などが公開されているので[7]，活用するとよい。

　本制度の対象疾病は，労災保険と同様に，石綿肺，肺がん，中皮腫，びまん性胸膜肥厚，良性石綿胸水である。

　建設アスベスト被害給付金の認定は，特定石綿被害建設業務労働者等認定審査会の審査結果に基づきすることが手続上必要であるところ（建設アスベスト被害救済法7条3項），令和4.1.19基発0119第1号厚生労働省労働基準局長通知「特定石綿被害建設業務労働者等に対する給付金等支給要領について」（建設アス認定基準）が事実上のルールとして大きな影響を与えており，これに該当するか否かが決定的に重要である。医学的判定部分について労災認定基準と

---

[7]　厚生労働省ホームページ「アスベスト（石綿）情報」「建設アスベスト給付金制度について」（https://www.mhlw.go.jp/stf/seisakunitsuite/bunya/koyou_roudou/roudoukijun/kensetsu_kyufukin.html）にてダウンロードできる。建設アス認定基準も同様。

建設アス認定基準とはほぼ同一であり、労災認定基準（**第4章**にて詳述）を押さえておけばよいであろう。対象疾病ごとの医学的な特徴等は**第2章**に詳述しているので、そちらを参照されたい。

(2) 給付対象者

建設アスベスト給付金の対象となる被害者は、

I 「特定石綿ばく露建設業務」（建設アスベスト被害救済法2条1項）に従事することにより、

II 「石綿関連疾患」（同法2条2項。石綿肺、肺がん、中皮腫、びまん性胸膜肥厚、良性石綿胸水のこと）に罹患した、

III 「特定石綿建設業務労働者等」（同法2条3項）

をいう。上記IIについては、労災認定基準とほぼ同一の建設アス認定基準を充足していることが重要であり、これについては**第4章**を参照されたい。

建設アスベスト給付金制度に特有の要件は、上記IとIIIである。上記Iは「従事した業種・作業」の観点の要件、上記IIIは「被害者の属性」の観点の要件である。下記①②において、詳述する。

① 従事した業種・作業の要件～特定石綿ばく露建設業務（建設アスベスト被害救済法2条1項）～

この要件は、ア従事した業種、イ従事した作業の要件に分けることができる。

ア　従事した業種（建設業性。建設アスベスト被害救済法2条1項柱書）

「日本国内において行われた石綿にさらされる建設業務」に従事していた必要がある。「建設業務」は、建設アスベスト被害救済法2条1項柱書かっこ書により、

> 「土木，建築その他工作物の建設，改造，保存，修理，変更，破壊若しくは解体の作業若しくはこれらの作業の準備の作業に係る業務又はこれに付随する業務をいう。」
> ※下線は筆者。

と定義されている。土木業，建築業に従事した被害者が救済対象であることは明らかである。それ以外にも，上記下線部に該当する限りでは，救済対象になり得る。判例・裁判例の集積に乏しく，限界は明らかではないが，「工作物」がどの程度のものまで解釈されるかが重要なポイントになるだろう。

Column
建設アスベスト給付金の対象になりそうで，ならない業種〜造船，鉄道車両関係〜

　厚生労働省の解釈・運用上，建設アスベスト被害救済法2条1項の「建設業務」を満たさないということで，支給対象外とされている業種がいくつかある。その典型例が造船関係と鉄道車両関係である。これは，厚生労働省が「工作物」を，民法717条1項の「土地の工作物」，すなわち，土地に接着して人工的作業を施すことによって成立する物（大判昭3.6.7民集7.443）と同様に解釈していることに起因すると思われる。船や鉄道は，「土地に接着していない（移動する）」ということなのであろう。

　しかし，造船工や鉄道車両工場の工員などは，建物の建設作業員（大工，内装工，解体工，吹付工，配管設備工，電工，空調設備工，現場監督など）と同様の作業を行っているのである。全く同じ鉄道会社であっても，駅舎の配管設備・電気工事・空調設備などを行ってアスベストにばく露した者は支給対象となり，鉄道車両に対するそれらの作業でアスベストにばく露した者は支給対象外となるのは，いかにもバランスを欠くというほかない。最判令3.5.17民集75.5.1359などの「判決において国の責任が認められた者と同様の苦痛を受けている者について，その損害の迅速な賠償を図る」という建設アスベスト被害救済法1条が掲げる目的にも悖るだけでなく，平等原則（憲法14条1項）の観点からも問題があると言わざるを得ない。

　早急に，上記のような不合理・不公平な解釈運用を改めるか，建設アスベスト被害救済法2条1項の「建設業務」を「土地の工作物」を対象とするものに限定しない法改正を行うことが望まれる。

イ 従事した作業の要件（石綿ばく露作業性。建設アスベスト被害救済法2条1項各号）

「日本国内において行われた石綿にさらされる建設業務」（建設アスベスト被害救済法2条1項柱書）のうち，次の(ア)(イ)のどちらかの作業に従事していたことが必要である。

(ア) 石綿吹付作業

1972年（昭和47年）10月1日〜1975年（昭和50年）9月30日の間に，石綿吹付作業に従事した者（建設アスベスト被害救済法2条1項1号）である。石綿吹付作業のイメージは，【図表3－8】のようなものである。

【図表3－8】 石綿吹付作業例

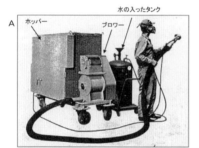

【概要】吹きつけ機の一例。左のホッパーに石綿を入れ、綿を更に細かく開綿しながら霧状の水およびブロワーの圧力で吹きつけます。綿が細かければ細かい程、仕上がりがキレイでした。

鉄骨の梁（はり）に耐火被覆として吹きつけているところです。この作業周辺は粉じんが舞っていて、作業者や周辺で作業をしていた者が高濃度ばく露した可能性があります。

概ね3人1組の作業で吹きつけ者（左）、それを木製のコテで押え付ける者（右）、および調合綿を機械に投入する作業員からなっていました。どの作業も全身に石綿ばく露した可能性があります。

写真は最近の岩綿吹きつけ（石綿は含まれていません）。仕組みは昔と変わらずホースの中央より綿が出て、その周囲の数箇所のノズルより霧状に水の圧力で対象物に付着させます。昔と較べて粉じんは少ないです。

〈出所〉厚生労働省「石綿ばく露歴把握のための手引」より抜粋（https://www.mhlw.go.jp/stf/seisakunitsuite/bunya/koyou_roudou/roudoukijun/sekimen/roudousya2/index.html）

5 建設アスベスト被害給付金制度 51

(イ) 屋内石綿ばく露作業

1975年（昭和50年）10月1日～2004年（平成16年）9月30日の間に，屋内作業場（屋根があって，かつ，側面の面積の半分以上が外壁などで囲まれているもの）で石綿ばく露作業に従事した者（建設アスベスト被害救済法2条1項2号，同法施行規則1条）である。

様々な建設作業員が該当し得るが，具体的なイメージとして，厚生労働省ホームページ「石綿にさらされる作業に従事していたことはありますか？」「『石綿にさらされる作業に従事していたのでは？』と心配されている方へ」[8]に紹介されている諸作業例を参考にするとよい。

また，第1回特定石綿被害建設業務労働者等認定審査会　資料4「特定石綿被害建設業務労働者等認定審査会における審査方針」[9]によると，次のような職種については「屋内作業に従事していたと判断できるものとする」とされている。

> 大工（墨出し，型枠を含む），左官，鉄骨工（建築鉄工），溶接工，ブロック工，軽天工，タイル工，内装工，塗装工，吹付工，はつり，解体工，配管設備工，ダクト工，空調設備工，空調設備撤去工，電工・電気保安工，保温工，エレベーター設置工，自動ドア工，畳工，ガラス工，サッシ工，建具工，清掃・ハウスクリーニング，現場監督，機械工，防災設備工，築炉工

② 被害者の属性の要件～特定石綿建設業務労働者等（建設アスベスト被害救済法2条3項）～

労災保険が労働者（＋特別加入者）のみを救済対象としていることの反省および建設アスベスト被害救済法の元となった最判令3.5.17民集75.5.1359が一人親方なども救済対象に含めたことから，同法は，労災保険とは異なり，労働者

8　https://www.mhlw.go.jp/stf/seisakunitsuite/bunya/koyou_roudou/roudoukijun/sekimen/roudousya2/index.html

9　https://www.mhlw.go.jp/stf/newpage_23725.html

のみではなく，一人親方などにも救済対象を広範に認めた。具体的には，建設アスベスト被害救済法2条3項各号に定義されているが，まとめると以下のとおりである。

ア　労働者
　労働基準法上の労働者（同居親族のみを使用する事業者に使用される者および家事使用人は除く）をいう。
イ　中小事業主
　一定の数以下（※）の労働者を使用する事業主 or 同様の法人の代表者をいう。
※中小事業主の範囲を画する基準となる労働者の数は，被害者が特定石綿ばく露建設業務に従事していた際に施行されていた労災保険法施行規則46条の16によって異なる（建設アスベスト被害救済法施行規則2条）。詳しくは，建設アス認定基準表1を参照のこと。
ウ　労働者以外で上記イの事業に従事する者
エ　一人親方
　労働者を使用しないで事業を行うことを常態とする者をいう。
オ　労働者以外で上記エの事業に従事する者

⑶　**対象疾病に罹患した存命者に対する建設アスベスト給付金の内容**

　【図表3－9】のとおりである（建設アスベスト被害救済法4条1項2号・3号）。

【図表3－9】　療養者（存命者）に対する建設アスベスト給付金

区分	病　態	給付金額	請求権者
1	じん肺管理区分2（区分2相当を含む）の石綿肺にかかり，じん肺法所定の合併症のない者	550万円	被害者本人
2	じん肺管理区分2（区分2相当を含む）の石綿肺にかかり，じん肺法所定の合併症のある者	700万円	被害者本人

3	じん肺管理区分3（区分3相当を含む）の石綿肺にかかり，じん肺法所定の合併症のない者	800万円	被害者本人
4	じん肺管理区分3（区分3相当を含む）の石綿肺にかかり，じん肺法所定の合併症のある者	950万円	被害者本人
5	じん肺管理区分4（区分4相当を含む）の石綿肺，中皮腫，肺がん，著しい呼吸機能障害を伴うびまん性胸膜肥厚または良性石綿胸水にかかった者	1,150万円	被害者本人

　上記病態でいう「じん肺管理区分」や「じん肺法所定の合併症」については，第4章3(3)①で詳解しているところなので，そちらを参照されたい。

(4) 対象疾病を原因とする死亡者の遺族に対する建設アスベスト給付金の内容

【図表3-10】のとおりである（建設アスベスト被害救済法4条1項1号）。

【図表3-10】 死亡者に対する建設アスベスト給付金

区分	病態	給付金額	請求権者
6	図表3-9の区分1または3により死亡した者	1,200万円	被害者の配偶者（内縁を含む），子，父母，孫，祖父母，兄弟姉妹のうち，最先順位の者
7	図表3-9の区分2，4または5により死亡した者	1,300万円	同上

Column
労災保険の遺族補償給付受給権者＝建設アスベスト給付金受給権者，とは限らないので要注意！

　遺族補償給付の受給権者は，第3章2(3)①で述べたとおりであるが，これと遺族に対する建設アスベスト給付金受給権者が一致するとは限らないことに注意すべきである。
　例えば，被災労働者が対象疾病により死亡した当時，配偶者とは離婚しており，60歳以上の母と同居し（＝生計維持関係にある），かつ，子は別世帯を形成していたとする。この場合，労災保険の遺族補償給付の受給権者は60歳以上の母であるが（労災保険法16条の2第1項1号），建設アスベスト給付金の受給権者は子であり（建設アスベスト被害救済法3条3項），両制度の受給権者は一致しない。
　このように，特に労災保険法の遺族補償給付受給権者の範囲・順位が複雑であることに起因して，他制度の受給権者と一致しないこともままあるので，早計せずに，毎回丁寧に各制度の受給権者の範囲・順位を確認することが重要である。

5　建設アスベスト被害給付金制度　　55

(5)　給付金減額事由

　たとえ，建設アスベスト給付金の対象であっても，以下の減額事由に該当する場合には，上記(3)(4)所定の金額から減額される。

①　一定の従事期間未満による減額

　特定石綿ばく露建設業務に従事した期間が，対象疾病ごとに【図表3－11】に定められた期間未満の場合には，上記(3)(4)所定の金額の1割減額（90％を乗じた金額）される（建設アスベスト被害救済法4条2項）。

　これは，不法行為法でいうところの「寄与度減額」の考えに基づいており，アスベスト関連疾患は，石綿ばく露期間が長ければ長いほど発症する可能性が高くなるとされているため，一定期間未満の従事にとどまる場合は，「アスベストによる発症の寄与度が低い」ということで，減額事由にされている。

【図表3－11】　石綿ばく露業務従事期間が短いことによる減額

対象疾病	特定石綿ばく露建設業務に従事した期間
肺がんまたは石綿肺	10年
著しい呼吸機能障害を伴うびまん性胸膜肥厚	3年
中皮腫または良性石綿胸水	1年

②　喫煙習慣による減額

　肺がんによる建設アスベスト被害者が喫煙の習慣を有していた場合には，上記(3)区分5または上記(4)区分7の金額の1割が減額（90％を乗じた金額）される（建設アスベスト被害救済法4条3項）。なお，肺がん以外の対象疾病は，たとえ喫煙習慣があっても減額事由にはならない（建設アスベスト被害救済法4条3項第1かっこ書）。

　これは，一般に喫煙は肺がんの発症要因として有力なものとされているため，

喫煙習慣がある場合には，「アスベストによる発症の寄与度が相対的に低い」または「喫煙によって発症の可能性を高めた」ということで，減額事由にされている。不法行為法でいうところの「寄与度減額」および「素因減額（過失相殺の類推適用）」の考えに基づいているといえよう。

また，上記①「一定の従事期間未満による減額事由」と重複することもある（建設アスベスト被害救済法4条3項第2かっこ書）。すなわち，肺がんで死亡した建設アスベスト被害者の「特定石綿ばく露建設業務の従事期間が10年未満」および「喫煙の習慣を有していた」という場合には，給付金は，

1,300万円×（一定の従事機関未満による減額割合90%）×
（喫煙習慣による減額割合90%）＝1,053万円

である。

(6)　請求期限

20年間の期限にかかるが，起算点は，対象疾病が石綿肺か，それ以外かで微妙に異なっているので注意されたい（建設アスベスト被害救済法5条2項）。

①　石綿肺

起算点は，

○石綿肺にかかった旨の医師の診断日
○石綿肺に係るじん肺法上のじん肺管理区分決定があった日

のどちらか遅い日である。ただし，被害者が死亡した場合には，死亡日が起算点となる。

② 石綿肺以外の対象疾病

　起算点は，中皮腫，肺がん，びまん性胸膜肥厚または良性石綿胸水にかかった旨の医師の診断日である。ただし，被害者が死亡した場合には，死亡日が起算点となる。

6 各種アスベスト給付金制度と 損害賠償との支給調整関係

　上記で述べてきたように，国が用意しているアスベスト被害給付金としては，①労災保険，②特別遺族給付金，③石綿健康被害救済制度，④建設アスベスト給付金制度があるが，これら相互および⑤勤務先や国に対する損害賠償との併給の可否や支給調整は，どうなっているのであろうか。

　①は災害補償制度に対する保険の性質（労働基準法84条），②は労災保険遺族補償給付の補完の性質，③は①でカバーしきれないアスベスト被害全般をカバーする見舞金的な性質[10]，④はアスベスト被害予防のための権限不行使についての国に対する損害賠償，特に，慰謝料としての性質が強い（建設アスベスト被害救済法１条）といったものであるから，併給可否や支給調整は，相当に複雑である。この関係性を整理したものが，【図表３−12】であるので，参考にされたい。

【図表 3 −12】　併給の可否，支給調整規定の整理表

◎：全部併給可（支給調整なし）×：全部または一部の併給不可（支給調整規定あり）	①労災保険	②特別遺族給付金	③石綿健康被害救済制度	④建設アスベスト被害救済制度	⑤損害賠償
①労災保険	−	−	×（石綿健康被害救済法26条[11]）	◎（建設アスベスト被害救済法12条反対解釈）	×（労災保険法12条の4[12]・附則64条[13]）
②特別遺族給付金	−	−	◎（石綿健康被害救済法施行令8条反対解釈）	◎（建設アスベスト被害救済法12条反対解釈）	×（石綿健康被害救済法65条）
③石綿健康被害救済制度	×（石綿健康被害救済法26条）	◎（石綿健康被害救済法施行令8条反対解釈）	−	◎（建設アスベスト被害救済法12条反対解釈）	×（石綿健康被害救済法25条）
④建設アスベスト被害救済制度	◎（建設アスベスト被害救済法12条反対解釈）	◎（建設アスベスト被害救済法12条反対解釈）	◎（建設アスベスト被害救済法12条反対解釈）	−	×・国について建設アスベスト被害救済法12条1項・3項 ・国以外（勤務先など）について同条2項

60　第3章　4つのアスベスト給付金制度の特徴

　ポイントは，①労災保険と②石綿健康被害救済制度は併給不可だが，①労災保険，②特別遺族給付金，③石綿健康被害救済制度と④建設アスベスト給付金制度は，併給可の点である。

10　環境省「石綿による健康被害の救済に関する法律（救済給付関係）逐条解説」（平成18年6月）7頁
11　医療費に関する支給調整規定は石綿健康被害救済法26条1項，療養手当・葬祭料・特別遺族弔慰金・救済給付調整金に関する調整規定は同条2項・同法施行令8条・9条・同法施行規則（環境省関係）21条・22条である。
12　労災保険法12条の4は，第三者行為災害の支給調整に関する規定である。同条2項に基づく支給調整は，具体的には，厚生労働省「第三者行為災害事務取扱手引」（平成30年4月）によって行われる。現在の実務上，支給調整の上限期間は，労災発生から7年である（同手引7頁）。
13　労災保険法附則64条は，事業主責任災害の支給調整に関する規定である。同条2項に基づく支給調整は，具体的には，労働省発基60号「民事損害賠償が行われた際の労災保険給付の支給調整に関する基準（労働者災害補償保険法第67条第2項関係）について」（昭和56年6月12日），労働省労働基準局「事業主賠償との支給調整事務取扱手引」（平成4年3月）によって行われる。現在の実務上，支給調整の上限期間は，前払一時金給付最高限度額相当期間（遺族補償給付は1,000日，障害補償給付は1級1,340日〜7級560日）の終了する月から起算して9年間である（同基準第3項(1)イ(ホ) a）。

Column
アスベスト給付金の課税関係

「アスベスト給付金を受給すると，所得税や相続税はかかりますか？」は，意外にも問い合わせや初回相談の段階で頻繁に聞かれる質問である。

これについては，労災保険法12条の6，石綿健康被害救済法29条・67条，建設アスベスト被害救済法15条が明確に結論を出しており，給付金に対して所得税・相続税を含む公租公課は賦課されない。

ただし，注意点としては，「アスベスト給付金の受給後に現金・預金化している場合には，相続税の対象にはなる」ということである。例えば，

① 被害者が生前に中皮腫を原因として1,150万円の建設アスベスト給付金を受給し，預貯金額が1,150万円増えた。
② 上記①の直後に，被害者は死亡した。被害者の相続人は，子1人のみである。
③ 被害者の子は，建設アスベスト給付金の追加給付金（建設アスベスト被害救済法9条・10条）として，1,300万円−1,150万円＝150万円の受給を受けた。
④ 被害者の相続財産は，預貯金を含む4,500万円であった。

という場合，上記①1,150万円および上記③150万円に対して被害者や被害者の子に所得税は課されない（建設アスベスト被害救済法15条）。

しかし，上記①によってアスベスト給付金は預金化しているので，相続税の計算上，端的に現金・預貯金額に算入される。その結果，相続税基礎控除額3,600万円（＝3,000万円＋600万円×1）を超えるので，4,500万円−3,600万円＝900万円については，相続税の対象となる。

第4章

アスベスト給付金認定のための
2つのポイント
～特に労災保険を念頭に～

1 労災保険を通すことの重要性，労災保険選択最優先の原則

　各種アスベスト給付金制度の概要は，**第3章**で述べたとおりであり，例えば，「建設会社に長年労働者として勤めており，そこでの現場作業でアスベストにばく露し，肺がんで亡くなった」というような被害者の場合，労災保険・石綿健康被害救済制度・建設アスベスト給付金制度のすべてに申請可能であることが多い。ばく露態様等によっては，元勤務先等に損害賠償請求をすることもあり得るだろう。

　しかし，上記制度を利用すべき順位は，同列ではない。各種アスベスト給付金制度の中では，<u>労災保険または特別遺族給付金を通すことが圧倒的に**重要**であり，最優先で申請すべき制度</u>である。石綿健康被害救済制度等は，労災保険および特別遺族給付金が利用できない，申請が認められる見込みが著しく低いなどの場合に，次善の策として選択すべき制度である。理由としては，次の①～④に集約できる。

---

① **補償金額が極めて手厚い**

　例えば，死亡被害者の場合，石綿健康被害救済制度では特別弔慰金280万円＋葬祭料約20万円にすぎないが，労災保険では遺族補償年金では200万円前後／年＋一時金300万円＋葬祭料数十万円が支給される。

② **石綿健康被害救済制度に比べて認定基準自体が被害者に有利**

　相違点はいろいろとあるが，
○石綿健康被害救済制度と異なり，良性石綿胸水も救済対象に含まれている点
○肺がんの認定基準が相当に緩和されている点[1]
が大きいところである。

1　労災認定基準第2－2(1)(2)と，石綿健康基準1(2)①を比較されたい。

③ 認定の運用も労災保険のほうが柔軟かつ被害者に有利

　石綿健康被害救済制度，建設アスベスト給付金制度のどちらも，認定機関側が基準を満たしていることの立証に協力してくれることは，ほとんどない。「○○を立証する証拠があれば，提出せよ」と申請者に要請してくる程度である。

　一方，労災保険または特別遺族給付金では，労基署の労災（補償）課または労働局が主体となって，申請内容・上申・意見に沿ってかなり細やかな調査を行ってくれる。それは，認定率（認定件数／請求件数）にも影響しており，労災保険は令和元年度～令和5年度において安定的に認定率90%前後で推移しているが[2]，石綿健康被害救済制度では低い年で58%（令和2年度），高い年でも87%（令和5年度），令和元年度～令和5年度累計で75%[3]と認定率も高くなく，バラツキも大きい。

④ 労災保険または特別遺族給付金の認定がその後に大きな影響を及ぼす

　労災保険または特別遺族給付金が認定されれば「業務上のアスベストばく露およびそれと因果関係をもつアスベスト関連疾患の罹患」が公的に認定されたことになるから，その後の各種手続に大きな影響を及ぼす。

　国・（元）勤務先・建材メーカーなどに対する損害賠償請求にも立証上プラスに働くが，最も大きいところとしては，建設アスベスト給付金制度の認定である。すなわち，建設業等の従事者で労災保険または特別遺族給付金が認定されると，厚生労働省の労災支給決定等情報提供サービスが利用できる。これは，いわば「労災保険と建設アスベスト被害給付金制度を連動させる」制度であり，同サービスによる通知書を利用することにより，建設アスベスト被害給付金申請の添付書類や立証を大幅に省略でき，建設アスベスト被害給付金の認定可能性は大きく高まる。

2　厚生労働省ホームページ「令和5年度石綿による疾病に関する労災保険給付などの請求・決定状況まとめ（速報値）」
　　https://www.mhlw.go.jp/content/11201000/001107940.pdf
3　独立行政法人環境再生保全機構ホームページ「申請受付状況等（最新データ）」
　　https://www.erca.go.jp/asbestos/relief/uketsuke/index.html

Column
本当に石綿健康被害「救済」制度なのか？

　石綿健康基準と労災認定基準とは基本ベースは同一であるものの，石綿健康基準のほうが労災認定基準よりも「厳しい」基準となっている。例えば，肺がんと石綿肺が併発する場合をとってみても，労災保険では「原発性肺がん，かつ，PR１型以上の石綿肺所見」で労災認定されるが（労災認定基準第２－２(1)），石綿健康被害救済制度では「原発性肺がん，かつ，胸膜プラーク（肥厚斑），かつ，PR１型以上の石綿肺所見，かつ，胸部CT画像上の肺線維化所見」となっており（石綿認定基準２(2)①），認定のハードルが高い。

　また，統計上の数字を見ても，認定率（認定数／申請数）は，対象疾病ごとに若干異なるが，労災保険は概ね90％前後である一方，石綿健康被害救済制度は75％前後にとどまっている。

　加えて，本人給付・遺族給付のいずれにおいても，労災保険のほうが石綿健康被害救済給付金よりも，明らかに手厚い給付内容になっている。石綿健康被害救済給付金は，いわば「お見舞金」程度の給付内容である。それに，そもそも，石綿健康被害救済制度は良性石綿胸水が対象疾病から外されている。

　以上のように，質・量いずれの側面においても，少なくとも労災保険との比較において，石綿健康被害救済制度は「救済」の内実を伴っていないと言わざるを得ない。例えば，労災保険が対象としていないアスベスト関連疾患をむしろ追加する，給付額が労災保険に近づくよう増額する，増額ができないとしたら石綿健康基準や認定実務において比較的少額の給付内容に見合うよう認定のハードルを下げるなどの制度に改正していくことが必要ではないだろうか。

以上のように，アスベスト被害につき労災保険が認定されることには，他の制度にはないメリット・大きな意義がある。そのため，例えば「就業当時の雇用契約書，給与明細，年金被保険者記録など労働者であることを直接立証する証拠がない」といった場合（昔ながらの建設業ではよくある事態である）であっても，労災保険認定の可能性をできる限り追求すべきである。アスベスト被害給付金申請を取り扱う専門家として，労災保険申請を安易に諦める態度は厳に慎まなければならない。

以下では，「労災保険の適用を認めさせる」ことを念頭に置いて，「業務による石綿ばく露性」「アスベスト関連疾患に応じた認定基準充足性」の2つのポイントを詳説する。この2つのポイントは，石綿健康被害救済制度，建設アスベスト給付金制度にも共通するところであるので，このポイントを押さえた上で，応用されたい。

2 認定獲得のための立証ポイント①：
業務による石綿ばく露状況の立証

アスベスト被害について，労災保険が適用されるためには，(1)労働者である期間（または特別加入期間。以下同じ）において，(2)上記(1)の期間内にアスベストにばく露する業務に従事していたことの立証が必要である。

以下では，上記(1)(2)の立証のポイントにつき詳説する。

(1) 労働者である期間の立証ポイント

労災保険は，労働者を救済対象とするものであるので（労災保険法1条），労働者である期間の立証がないと支給の見込みはない。また，たとえ労働者である期間を立証できたとしても，当該期間がアスベストばく露に関連のない業務ないし作業の従事にすぎない場合には，やはりアスベスト被害による労災保険は支給されない。

したがって，アスベストばく露業務に従事した期間を相談者・依頼者から網羅的に聴き取りつつ，当該期間のうち労働者であり得る期間を重点的に立証することが肝要となる。

① 年金の被保険者記録照会回答票の収集

重点的に立証する期間をピックアップするにあたっても，たたき台があったほうが検討・聴取しやすいし，被害者本人や家族に聴き取っても数十年も前のことになるので，記憶が非常に曖昧であったり，混同していたり，そもそも本人が家族に仕事のことをきちんと話していなかったりすることも多い（昔ながらの現場系労働者あるある）。

そのため，【図表4-1】のような「年金の被保険者記録照会回答票」を収集することは必須である。「国民年金しか払っていないはずだ」「○○会社は△△年までの勤務で間違いない」などと記憶ベースで断言されたとしても，記憶

2 認定獲得のための立証ポイント①：業務による石綿ばく露状況の立証　　69

【図表4－1】年金の被保険者記録照会回答票

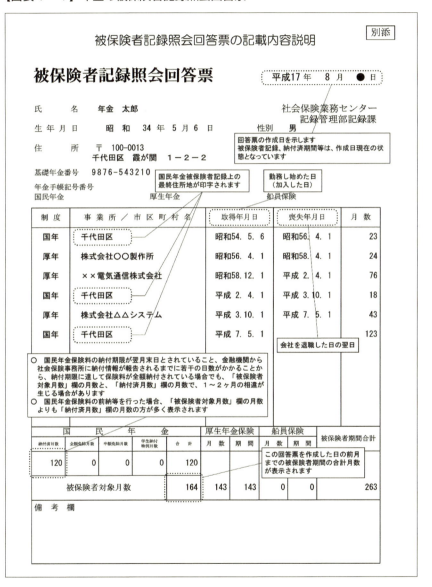

〈出所〉厚生労働省労働基準局労災補償部「社会保険業務センターへの照会に当たっての留意点について」（平成17年7月29日）別添

違い等がよくあるので，必須ルーティンとして収集すべきである。

　収集の方法としては，①「ねんきんネット」で確認する方法，②年金事務所の窓口で発行してもらう方法，③年金事務所に電話で郵送依頼する方法があるので[4]，相談者・依頼者の状況に合わせて，適宜の方法で収集してもらおう。

4　詳しくは，弁護士法人シーライトホームページ「過去の勤務先の確認方法〜年金の被保険者記録照会回答票の取得〜」
　　https://asbestos.cright.jp/kakonokinmusaki_kakunin/

Column
「(元) 勤務先は，労災保険に入っていない（入っていなかった）」のウソとホント

　アスベスト被害に限らず，特に，中小の建設業関係の労災を取り扱っていると，労災被害者からよく出てくるキーワードとして「(元) 勤務先は，労災保険に入っていない（入っていなかった）」というものがある。しかし，労災被害救済の専門家としては，このキーワードを鵜呑みにしてはならない。

　まず，労働者を1人でも雇っている事業主は，法人／非法人を問わず，労災保険に強制加入であり（労災保険法3条1項，雇用保険法5条1項，労働保険徴収法3条），「労災保険に加入していない」という事態は法的に存在しない。そして，事業主は，労災保険関係が成立した日から10日以内に，労災保険関係の成立した事業の種類等を労基署に届け出なければならないところ（労働保険徴収法4条の2第1項），(元) 勤務先の上記言い分は，単に「この労災保険成立手続を行っていない」「労災保険料を労基署に納めていない」というだけのことがほぼ100％である。つまり，事業主が労災保険成立手続を行っているか否か，労災保険料を納付しているか否かは，労災被害者が労災保険を利用できるか否かにとって決定的な事情ではない（もちろん，正規の手続等を行っているほうがスムーズではあるが）。

　むしろ，労災保険を利用できるか否かにとって決定的に重要なのは，被害者が被災当時「労働者であったか」（労働者性の有無）である。そして，労働者性の有無については，労災保険実務上，労働基準法研究会報告「労働基準法の「労働者の判断基準」について」（昭和60年12月19日）[5]で述べられている「事業主による指揮監督関係」「報酬の労務対償性（賃金性）」が重視されている。

　そこで，年金の被保険者記録照会回答票に，被害者が「労働者」として認識していた（元）勤務先の記載がない場合などには，上記研究会報告の記述を意識しつつ，労働者性の主張立証を意識的に行うことが重要である。

5　この研究会報告は，濱口桂一郎「労働者性に係る監督復命書等の内容分析」労働政策研究報告書 No.206（2021年2月）参考資料1に添付されているので，同報告書とともに参照するとよい。独立行政法人労働政策研究・研修機構ホームページの以下の URL からダウンロードできる。
　https://www.jil.go.jp/institute/reports/2021/0206.html

(2) アスベストにばく露する業務に従事していたことの立証ポイント

(1)労働者である期間と，(2)上記(1)の期間内にアスベストにばく露する業務に従事していたこととは，厳密には区別される事実である。つまり，上記(1)が立証できても，同期間の全部または一部にアスベストばく露業務に従事していたとは限らない。しかし，アスベストばく露からアスベスト関連疾患が発症するまでには数十年の年月が経っているために，上記(1)立証の困難性もさることながら，上記(2)自体を立証できること（特に客観的な証拠でもって）はさらに至難と言わざるを得ない。

その特性に配慮しているのか，労災保険認定実務でも，事実上，上記(2)の立証負担を緩和する取扱いを行っている。すなわち，

○申請者がアスベストばく露作業を行ったと申し立てている事業場が廃止されている場合には，「申し立てる作業内容と，事業主や同僚労働者の証言，あるいは，社会保険の被保険者記録，登記事項証明書の内容を照合し，石綿ばく露作業の事実が推定できるときは，石綿ばく露作業ありと認定して差し支えない」
○事業場が現存しているものの事業主が申請者のアスベストばく露作業の事実を否定している場合でも，「申し立てる作業内容と，事業主や同僚労働者の証言，あるいは，社会保険の被保険者記録，登記事項証明書の内容を照合し，石綿ばく露作業の事実が推定できるときは，石綿ばく露作業ありと認定して差し支えない」

とされている[6]。筆者の経験としても，労基署は相当程度柔軟に認定してくれる感覚があり，特に，上記(1)労働者である期間＋当該期間の勤務先がアスベストを日常的に取り扱い得る業者（建設業，造船業，石綿メーカー等）であっ

6　厚生労働省労働基準局補償課職業病認定対策室「石綿による疾病事案の事務処理に関する質疑応答集」（令和3年2月）2-1

たことが客観的証拠で立証できた場合には，高い割合で認定されているように思われる。

そうはいっても，上記(1)(2)は別個の事実であることに変わりはないので，上記(2)を補強する立証を行っておくことに越したことはない。筆者の経験でも，元勤務先に対し事業主証明などの協力を依頼した際に「労働者として在籍していたこと（上記(1)）は認めるが，その間アスベストばく露業務に従事していたこと（上記(2)）までは認めない（積極的に争うというよりは，認め得る裏付資料がないといったニュアンスも多い）」という対応をしてくることはしばしばある。事業主がこのような対応をしてくる背景としては，上記(2)を認めてしまうことにより，安全配慮義務違反に基づく損害賠償義務を負うことを懸念してのことだと考えられる。

そこで，以下では，上記(2)の事実を立証するのに役立つ間接事実・間接証拠を例示的に解説する。あくまで例示であるので，読者におかれては，当該案件の性質に応じて個別具体的に柔軟に独創的に立証方法を探索する意識を持つことが必要である。

① 類型的にアスベストばく露しやすい職種であったことの立証

申請者が主張するばく露時期に類型的にアスベストばく露しやすい職種（大工，内装工，解体工，電気工，現場監督，造船工など建設業系が多い）であったことの立証は，有用である。

例えば，上記職種に関わる免許，免状，資格証，教育証，表彰状などである。

② 被害者が勤務先に提出した書類など

被害者が勤務先に提出した書類に業務内容・職種を推測させる記載があることがある。

例えば，作業日報，作業指示書，作業報告書，会社への各種届出（有給休暇届など），出面帳，履歴書，工事経歴書などである。

③　被害者が勤務先ないし勤務先関係者から受領した勤務先関連の書類等

　書類等に勤務先と被害者を結び付けるものがあったり，業務内容・職種が詳述されていたりすることがある。

　例えば，社員名簿・住所録・社史・年史・周年史・記念誌・同僚や上司からの年賀状などである。

④　現場で撮影された写真など

　スナップ写真的に工事現場等で働いている被害者が撮られていたり，建物が新築・竣工した際に集合写真的に撮った写真に被害者が写っていたりすることがある。昭和〜平成初期は社員旅行がよく行われていた時代であるが，そこでも集合写真等が撮られていることがある。

　筆者の経験上，写真類は，被害者が亡くなってから相当程度期間が経っていても「思い出」として残してあることが多いので，写真から何か推測できないかよく調査することが重要である。

　弁護士法人シーライトでは，以上のようなものを網羅的に紹介・説明した「石綿ばく露作業歴の証拠」というチラシをＡ４両面（180〜181頁参照）で印刷し，初回面談および受任後に交付し，証拠探索・収集を促している。この過程を経ると，最初は「証拠や勤務先関連のものは何もない」などと言っていた依頼者も，「家探し」をする気になってくれ，何かしらの有用な証拠が出てくることが多い。

Column
勤務先がなくなっていても，否定していても諦めるな！

　被害者が中小企業や個人事業主に勤めていた場合，何十年も経っていると，代替わりをしていて当時の状況や勤務歴がわかる者がいない，廃業・倒産してしまっているなどの事態に遭遇することがよくある。しかし，それでも，労働者性およびアスベストばく露業務従事性を簡単に諦めてはならない。以下では，筆者が諦めずに認定にこぎつけた事例を紹介したい。

〈個人事業主である元勤務先が廃業してしまっていたAさんの事例〉
　Aさんは，大工・解体工として，X工務店に20年ほど勤めていたが，厚生年金には入っていなかった。これは，年金の被保険者記録照会回答票によって労働者性および在籍を立証できないことを意味する。Aさんは，肺がんによって死亡し，筆者は奥様から労災保険申請の依頼を受けた。しかし，X工務店は，個人事業主であったところ，社長の死亡により廃業になってしまっていた。事業主証明を含むX工務店からの証明等は諦めかけていたが，Aさんの息子から「元X工務店の自宅兼事務所は，A家の近くにあるが，いまも自宅としては存在しており，社長の奥さんがまだ住んでいるようである」との情報を得た。そこで，筆者は，Aさんの息子に，次のような指示を行った。

○菓子折りでも持って挨拶に行き，「労災保険申請をしているから，働いていたことの証明を手伝ってほしい」とお願いしに行くとよい。
○ただし，警戒されるから「弁護士に頼んでいる」といったようなことは言わないこと。

　そうしたところ，「一筆証明してもよい」という返事をもらえたので，筆者が社長の奥さんに連絡を取って勤務状況や仕事内容を聴取し，その内容を「石綿業務従事証明書」にまとめ，「事業主の妻」として署名をもらえた。
　このようなことをしているうちに，「家探し」をAさん家族がしてくれた結果，

○Aさんの溶接作業やクレーン運転の特別教育修了証

○Aさんが建設現場と思わしき場所でヘルメットを被って佇んでいる写真

なども見つかり，これを労働者性およびアスベストばく露業務従事性の証拠として追加提出したところ，無事，Aさんについて労災認定がなされた。

〈元勤務先から見捨てられたBさんの事例〉

　Bさんは，塗装工として，Y塗装に20年以上勤めていたが，やはり厚生年金には入っていなかった。Bさんは，肺がんによって死亡し，筆者はお母様から労災保険申請の依頼を受けた。歯抜けではあったが，Y塗装による数年分の「給与所得の源泉徴収票」も見つかり，Y塗装の社員旅行時の写真複数枚（BさんとY塗装の当時の社長が写っていて，年月日の記録がある）とともに，労災保険申請を行った。

　そうしたところ，労基署・労働局からの照会を受けたY塗装は，弁護士を立てて，労働者性を争ってきたのである。すなわち，「Bさんは，Y塗装の従業員ではない。あくまで下請けであり，請負である」と。このような主張を受けて，Bさんの息子さんが「家族ぐるみで付き合っていたのに……」と大変ショックを受けていたことが印象的であった。労働局も，やや困惑しているようであり，「労働者性を補強する証拠を提出してほしい」と求めてきた。

　筆者は，Bさん家族に「家探し」をしてもらった上で，以下のような追加証拠および意見書を提出した。

○Bさん家には，クシャクシャになった給料明細が大量に残されていたが，出勤日数が記録されているだけでなく，「早出残業手当」「時間外手当」が支給されていることに注目し，労務への対償性が明らかである旨（労働基準法研究会報告「労働基準法の「労働者」の判断基準について」昭和60年12月19日を意識した）

○Bさんは，ある業界団体系の健康保険組合に加入していたところ，健保保険料通知書には，組合員種別の記載があった。その種別を調べてみると「常時又は日雇いで雇用されている者」に分類されるものであった旨

そうしたところ，無事，Bさんについて労災認定がなされた。

Column のように，たとえ，年金の被保険者記録照会回答票の記載が芳しくないものであっても，上記①〜④などを活用すれば，労働者性およびアスベストばく露業務従事性の立証に成功することもある。簡単に諦めてはならないのである。

3　認定獲得のための立証ポイント②：
アスベスト関連疾患に応じた認定基準充足

　上記2で詳述した「業務による石綿ばく露性」が立証できたとしても，当該被害者が罹患した（と主張する）疾病が，労災認定基準第2所定の認定要件に該当しなければ，労災保険支給はなされない。

　下記(1)では，すべての対象疾病に共通する立証ポイントを解説する。下記(2)～(6)では，対象疾病ごとの労災認定基準を詳解するとともに，認定基準充足のための検査や立証ポイントを解説する。

(1)　アスベスト労災保険対象疾病すべてに共通する立証ポイント
　　　～医療記録の収集～

①　医療記録の早期収集の目的・理由・重要性

　すべての対象疾病に共通する立証ポイントとして，「医療記録の収集」が挙げられる。アスベスト被害にかかる労災保険申請がなされると，労基署または労働局の審査の過程で，これら当局が請求者の同意書を得て医療機関に医療記録を自ら取り寄せることを行っている。そうすると，読者の方は「では，依頼者または代理人として医療記録を収集する必要がないのではないか」と疑問に思うかもしれないが，必ず収集すべきである。その理由としては，以下の3つに集約できる。

○下記(1)～(5)の労災認定基準に該当する旨の意見書などの資料とするため
　例えば，胸膜プラークの有無は，肺がんの労災認定を決定的に左右する重要な事実である（下記(4)②参照）。ところが，胸膜プラークの有無がかなり微妙なことがしばしばあり，注意深く胸部CTを精査しないと見逃すこともある。そこで，代理人自ら胸部CT画像を読影して胸膜プラークに該当すると思われるスライスをピックアップし，意見書（178頁の巻末参考資料②）にまとめることが有用で

ある。

　他にも，石綿肺やびまん性胸膜肥厚の認定基準として「著しい肺機能（呼吸機能）障害」があるが（下記(3)①イ(イ)参照），医療機関において肺機能（呼吸機能）検査の全部または一部が未実施のことがある。そういった場合には，労基署または労働局が主導してこの検査を行うべき旨の意見書（巻末参考資料⑤182～184頁）をまとめることも必要になる。

○労災不認定だった場合に審査請求を行うか否かの判断資料にするため

　労災不認定だった場合には，不支給決定を受領してから3カ月以内に労働局へ審査請求を行う必要がある。不支給決定をした理由の詳細は，行政機関個人情報保護法12条に基づく保有個人情報開示請求に基づき，労基署または労働局が作成した「調査復命書及びその添付資料一式」を開示してもらわなければ判明しない。

　ところが，これが実際に開示されるまでには，最低でも1カ月半程度かかり，長いと4カ月程度かかることもある。そのため，労災不認定のうち相当数は，審査請求するか否かの最重要の判断材料である調査復命書（労災不認定の理由が記載された書面）がない中，または受け取ってから短い期間内で，審査請求するか否かを決める必要がある。その決断の際，重要な補強材料となるのが医療記録である。

○医療記録の廃棄や散逸の防止

　カルテ等診療録の医療機関における保存期間は，最後の入通院日から5年間である（医師法24条2項，保険医療機関及び保険医療養担当規則9条）。そのため，現に入通院している場合には，医療記録が廃棄されてしまうなどという事態は通常ない。

　しかし，アスベスト被害の特性上，被害者死亡から何年も経ってから，給付金申請を希望するということもよくある。筆者の経験上も，死亡から5年ちょっと前くらいに受任した件があり，申請の前に早急に医療記録開示申請を行ったことがある。また，たとえ5年を過ぎてしまっていても，当該医療機関の規定で10年保存などになっていることや，記録管理運用上未だ廃棄に至っていないこともある。

② 医療記録収集のポイント

以上の理由から，アスベスト給付金申請においては，原則全件，受任後すぐに医療記録の収集（医療記録開示申請）を行うべきである。その際のポイントとしては，次のとおりである。

○呼吸器系の病院または診療科の医療記録で足りることが多い

アスベスト被害の特性上，被害者はほぼ50代以上であるが，高齢になっているため，様々な疾病を抱えている場合がある。

しかし，重要な医療記録は，呼吸器系（呼吸器科，呼吸器内科，呼吸器外科など）のものであるので，原則として，これらの診療科または病院から医療記録を取り寄せれば足りる。

○カルテだけでなく，検査結果，医療画像（X線，CTなど）も収集する

医療記録の種類は多岐にわたるが，単に「医療記録を開示してくれ」とだけ申請すると，カルテ（診療録）だけしか開示されないこともある。しかし，カルテだけでなく，検査結果（特に，肺機能（呼吸機能）検査結果），医療画像も必要なので，これらも開示申請すべきである。

弁護士法人シーライトの場合には，漏れがないよう網羅的に医療記録の具体的内容[7]を記載した開示申請を行っている。

⑵ 中皮腫の労災認定基準立証ポイント

中皮腫の認定基準は，労災認定基準第2－3で定められている。胸膜中皮腫，腹膜中皮腫，心膜中皮腫または精巣鞘膜中皮腫のいずれかに罹患し，下記①②のどちらかに該当する場合には，労災認定される。

7　画像（DICOM形式），診療録（カルテ），手術記録（術中の画像および動画を含む），看護記録，リハビリテーション記録，各種検査結果等（検査記録用紙も含む），その他（他医へまたは他医からの紹介状・診療情報提供書，問診票など病院における初診時の愁訴がわかる書面），といった具合である。

① 石綿肺の所見が得られていること

胸部X線上，第1型（PR1）以上の石綿肺所見が得られていることが必要である（労災認定基準第2－2⑴かっこ書参照）。石綿肺およびPRの詳細については，下記83頁⑶①ア・イを参照されたい。

② 石綿ばく露作業の従事期間が1年以上

「石綿ばく露作業」とは，具体的には，労災認定基準第1－2⑴〜⑼で定義されているが，同⑽⑾で包括的な規定が置かれているほか，比較的柔軟な認定の運用がなされている。そのため，上記⑴〜⑼に厳密に当てはまるか否かに神経を尖らせるよりは，当該被害者がどのような業種・職種・作業で石綿を取り扱っていたのかを具体的に主張立証することに注力したほうがよいであろう。

そのための立証ポイントとしては，上記2で詳述したほか，被害者および被害者遺族に対し丁寧にばく露態様を聴取することが重要である。そのためのツールとして，アスベスト労災保険申請をすると，全案件で提出を求められる「アスベスト労災保険申立書，石綿ばく露歴質問票」（185頁巻末参考資料⑥⑦参照）を，初回相談や労災保険準備の際に活用するとよい。弁護士法人シーライトでは，独自ツールとして，初回相談の際に「石綿ばく露歴一覧表」（194頁巻末参考資料⑧参照）というものを相談票代わりに用いているので，活用されたい。

また，聴取にあたっても，アスベストばく露がなされやすい典型的な業種・職種・作業を知っていたほうがスムーズであるが，厚生労働省ホームページ「石綿にばく露する業務に従事していた労働者の方へ」[8]に写真付きで石綿ばく露作業や石綿製品の解説がなされているので，これを参照するとよい。

8　https://www.mhlw.go.jp/stf/seisakunitsuite/bunya/koyou_roudou/roudoukijun/sekimen/roudousya2/index.html

Column
中皮腫の確定診断のための資料〜病理組織診断結果〜

　中皮腫は、石綿以外の原因で発症することが考えがたいとされており、その意味で石綿原因性が明確な疾病である。しかし、中皮腫に特異な症状・検査所見・画像所見も乏しいとされており、中皮腫であることを確定診断するには、通常は、病理組織診断結果が必要とされている（石綿健康基準1柱書・(2)(3)）。それゆえ、石綿健康基準では、病理組織診断結果の提出が強く推奨されており、石綿健康被害救済制度の実務では、病理診断書（または病理組織診断報告書・細胞診断報告書）が必須の提出書類とされ、染色標本も可能な限り提出が求められている。

　労災保険実務では、申請者側による上記資料の提出が必須ではないが、労基署側で同様の資料の収集を行っている（平成24.9.20基労補発0920第1号厚生労働省労働基準局労災補償部補償課長通知「（別添）石綿による疾病の業務上外の認定のための調査実施要領」2(3)イ）。

3　認定獲得のための立証ポイント②：アスベスト関連疾患に応じた認定基準充足　　83

(3)　石綿肺の労災認定基準立証ポイント

　石綿肺の認定基準は，労災認定基準第2－1で定められているが，実質的にはじん肺法上の認定基準を引用している。①石綿肺管理4，または②石綿肺管理2または管理3＋合併症の場合には，労災認定される。

①　石綿肺管理4

　じん肺管理区分が管理4に該当する石綿肺は，労災認定される。

ア　じん肺およびじん肺法の概説，じん肺と石綿肺の関係

　じん肺とは，土埃や金属の粒などの無機物や鉱物性の「粉じん」（石綿も粉じんの一種）を，長年にわたりばく露した結果，吸い込んだ粉じんに対し，肺が反応し，肺が弾力性を失って硬くなる病気である。この病気を「じん肺」といい（じん肺法2条1項1号），石綿が主原因のじん肺を特に「石綿肺」という。肺は伸縮することにより酸素を体内に取り入れ二酸化炭素を放出するが，肺が硬くなってしまうことで，酸素と二酸化炭素のガス交換が不十分となり，呼吸困難が起こる。

　じん肺法は，上記のようなじん肺に罹患し得る粉じん作業に従事する労働者に対し，発症予防や発症した場合の一定の救済を規定しているところ，これらの措置の内容を決める区分が「じん肺管理区分」（じん肺法4条2項）である。じん肺管理区分は，管理1から4まであり，数字が大きいほどじん肺が進行していることを意味する。じん肺管理区分決定の流れや申請方法等については，厚生労働省奈良労働局「じん肺，じん肺健康診断，じん肺管理区分について」[9]が詳しいので，これを参照するとよい。

9　https://jsite.mhlw.go.jp/nara-roudoukyoku/var/rev0/0113/2718/jinpai.pdf

イ　じん肺管理区分決定の手順および重要な検査

　じん肺管理区分は，【図表４－２】の「じん肺診査医によるじん肺管理区分決定の手順」に従って決定されるが，特に重要な要素は，㋐胸部Ｘ線画像所見，㋑肺機能（呼吸機能）検査結果である。

【図表４－２】じん肺診査医によるじん肺管理区分決定の手順

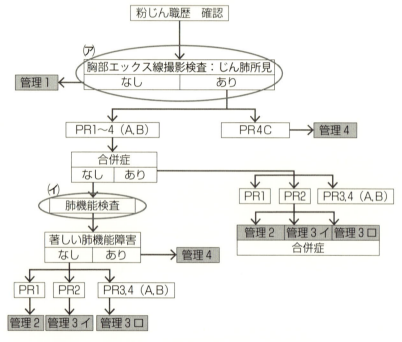

〈出所〉労災病院じん肺研究グループ編集委員会編『How to 産業保健⑪よくわかるじん肺健康診断』（公益財団法人産業医学振興財団，2017年）48頁図２に基づいて筆者作成

㋐　胸部Ｘ線画像所見

　じん肺に特徴的な胸部Ｘ線像として第０型（PR[10] ０―じん肺画像所見なし）

10　Profusion Rate：粒状影の密度のことである。

~第4型（PR4）までが定められている。

じん肺法上の画像検査基準については，労働省安全衛生部労働衛生課編『じん肺診査ハンドブック』（昭和54年）35頁以下，労災病院じん肺研究グループ編集委員会編『How to 産業保健⑪よくわかるじん肺健康診断』（公益財団法人産業医学振興財団，2017年）19頁以下に詳解されているので，これを参照されたい。

(イ) 肺機能（呼吸機能）検査結果

【図表4-3】の「肺機能検査のフローチャート」（平成22.6.28基発0628第

【図表4-3】肺機能検査のフローチャート

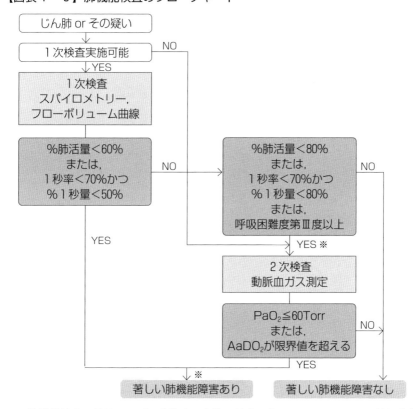

※ 肺機能検査の結果および2次検査の実施の判定にあたっては，エックス線写真像，過去の検査結果，他の所見等をふまえて医師の総合的評価による判定を必ず行うこと。

86 第4章 アスベスト給付金認定のための2つのポイント〜特に労災保険を念頭に〜

6号厚生労働省労働基準局長「じん肺法における肺機能検査及び検査結果の判定等について」別紙）のとおり，スパイロメトリー検査および動脈血ガス測定が重要である。

上記基準に沿って「著しい肺機能（呼吸機能）障害」の有無が判定されるが，この基準は，下記93頁(5)びまん性胸膜肥厚にもそのまま流用されている。なお，「％肺活量（％VC）」「PaO_2」など上記フローチャートで用いられている指標の意義は，労災認定基準第3－3(3)に解説がなされているので，参照するとよい。

② 石綿肺管理2または管理3＋合併症

じん肺管理区分が管理2または管理3に該当する石綿肺で，かつ，じん肺法施行規則1条所定の合併症（肺結核，結核性胸膜炎，続発性気管支炎，続発性気管支拡張症，続発性気胸，原発性肺がん）を発症したものは，労災認定される。

立証ポイントとしては，上記①②ともに医学的な検査結果が重要であるので，以下の医学的検査を確実に行わせることが肝要である。

○胸部X線
○胸部CT（可能な限り，HRCTまたはTSCT。下記(4)②も参照のこと）
○肺機能（呼吸機能）検査
 ・スパイロメトリー検査
 ・動脈血ガス測定

Column
非労働者(一人親方等)や死亡労働者であっても、じん肺管理区分決定「相当」の通知を受けられることがある!

　上記で述べたように、じん肺の一種である石綿肺については、じん肺法上の管理区分がいくつなのかが労災保険認定にとって極めて重要である。そして、じん肺管理区分決定の申請は、「常時粉じん作業に従事する労働者又は常時粉じん作業に従事する労働者であつた者」が行うことができる(じん肺法15条1項)。一方、労働者と類似の粉じん作業に従事している者であっても一人親方等非労働者である者は同法に基づくじん肺管理区分決定申請ができない。また、すでに死亡している者を申請者とする申請は、行うことができない[11]と解されている。

　しかし、平成28年3月14日基発0314第4号都道府県労働局長宛て厚生労働省労働基準局長通知「『じん肺管理区分の決定等に関する事務取扱要領』の改正及び『審査請求に関する事務取扱要領』の制定について」別添1第1-2(6)によれば、一人親方等非労働者である者または死亡者「についても事情により地方じん肺診査医の診査を行い、その結果を通知して差し支えない」とされている。そのため、じん肺法による申請に基づく通知ではないものの、行政サービスとして、じん肺管理区分決定「相当」の通知が受けられることがある。もっとも、東京労働局では「相当」の通知を行っているが、兵庫労働局では行っていないように、労働局によって取扱いがまちまちであるようではある。

　そうはいっても、石綿肺においてじん肺管理区分は重要なので、一人親方等非労働者や死亡労働者であっても、じん肺管理区分決定「相当」の申請を検討する価値は十分にあるであろう。

11　ただし、じん肺管理区分決定での区分について不服があるとして労働者が同決定に対する取消訴訟を提起してその係属中に労働者が死亡した場合には、労災保険法11条所定の未支給の保険請求権者は、不服申立ての利益を有するとして、訴訟承継が認められている(最判平29.4.6民集71.4.637)。

88　第4章　アスベスト給付金認定のための2つのポイント～特に労災保険を念頭に～

⑷　肺がんの労災認定基準立証ポイント

　肺がんの認定基準は，労災認定基準第2－2⑴～⑹で定められているが，最も利用することになる基準は，下記②の労災認定基準第2－2⑵であろう。

⓪　肺がんの労災認定基準に共通する消極的要件

　下記①～⑥（労災認定基準第2－2⑴～⑹）のどれかに該当する肺がんは，労災認定されるが，例外的に，次の2つの肺がんであった場合には，労災認定外となってしまう。

労災認定外となる肺がんその1：非原発性（転移性）肺がん
労災認定外となる肺がんその2：最初のアスベストばく露作業（労働者として従事したものに限定されない）から10年未満発症のもの

---

①　労災認定基準第2－2⑴の基準（石綿肺併発の肺がん）と立証ポイント

　胸部X線において第1型（PR1）以上の石綿肺所見がある肺がんは，労災認定される。石綿肺所見の詳解については，上記⑶を参照されたい。

②　労災認定基準第2－2⑵の基準（胸膜プラーク所見＋10年以上従事の肺がん）と立証ポイント

ア　医療画像によって胸膜プラークが認められ，
かつ
イ　石綿ばく露作業への従事期間が10年以上ある
肺がんの場合には，労災認定される。

---

3 認定獲得のための立証ポイント②：アスベスト関連疾患に応じた認定基準充足 **89**

　上記アの立証ポイントとして，胸膜プラークを証拠化することが最重要である。胸膜プラーク画像所見の重要性は，**第2章1⑵**で詳述したように，肺がんの労災認定基準に限ったものではない。胸膜プラークは，アスベストばく露の動かしがたい証拠なので，全案件について最重要であると認識されなければならない。胸膜プラークの画像例としては，**第2章1⑵**で記載のあるほか，

○労災認定基準別添1「『胸部正面エックス線写真により胸膜プラークと判断できる明らかな陰影』に係る画像例及び読影における留意点等」
○労働者健康安全機構編『アスベスト関連疾患日常診療ガイド［改訂3版］』（労働調査会，平成28年）27頁以下
○玄馬顕一ほか「軽微な胸膜プラークのCT診断基準案」（職業性石綿ばく露による肺・胸膜病変の経過観察と肺がん・中皮腫発生に関する研究班，平成22年3月）
○労働者健康福祉機構「新たな画像診断法　胸膜プラークの胸膜3D表示」（平成20年4月1日）

などが参考になる。また，自分の（健康な肺の）胸部X線や胸部CT画像を持っておくと，比較がしやすく，異常部分がわかりやすくなるので，オススメである。
　加えて，医療画像は，胸部CTが極めて重要である。石綿健康基準2⑶で推奨されているように，スライスの細かいCT，つまり，HRCT（ハイ・レゾリューションCT，高分解能CT）やTSCT（シン・スライスCT，薄層CT）を撮影すべきである。スライスが細かければ細かいほど，薄い胸膜プラークが撮像される可能性が高くなり，胸膜プラークを見逃す可能性が低くなるからである。
　胸部CTが粗い等と思った場合には，主治医にHRCTやTSCTの撮影を依頼するとよい。弁護士法人シーライトでは，「胸部薄層CT撮影ご協力のお願い」（199頁巻末参考資料⑨）という書面を用いて，主治医に依頼している。そ

うして収集できた胸部 CT について，筆者の場合には上記医学文献の胸膜プラーク画像例，自分の肺画像なども参考にしつつ自分で読影し，胸膜プラークと思われるスライスを発見できたときには，その画像を抜粋し，マル付けや矢印付けで強調するなどして，胸膜プラークがある旨の意見書（巻末参考資料②）に添付したりしている。

　上記イの立証ポイントとしては，上記(2)②および 2 (2)で述べたところと同様である。

③　労災認定基準第 2 － 2 (3)の基準（石綿小体・石綿繊維基準充足の肺がん）と立証ポイント

　次のア〜オまでのいずれかの所見が認められ，かつ，石綿ばく露作業の従事期間が 1 年以上あるいは肺がんの場合には，労災認定される。

ア　乾燥肺重量 1 g 当たり5,000本以上の石綿小体
イ　乾燥肺重量 1 g 当たり200万本以上の石綿繊維（ 5 μm超）
ウ　乾燥肺重量 1 g 当たり500万本以上の石綿繊維（ 1 μm超）
エ　気管支肺胞洗浄液 1 mℓ中 5 本以上の石綿小体
オ　肺組織切片中の石綿小体または石綿繊維

Column
石綿小体・石綿繊維の検査の実施は非常に難しい

　石綿小体または石綿繊維の検査には，肺組織が必要であるが，これは，相当程度の負担の大きい侵襲的方法によってしか得られない。そのため，労基署の調査の優先順位としても，①石綿肺所見の有無，②胸膜プラークの有無に次ぐ第三番目に設定されている（平成24.9.20基労補発0920第1号厚生労働省労働基準局労災補償部補償課長通知「（別添）石綿による疾病の業務上外の認定のための調査実施要領」2(3)ア(ウ)）。

　また，石綿小体の検査は，特殊な顕微鏡を用いて，労働者健康安全機構・環境再生保全機構『石綿小体計測マニュアル 第3版』に沿って行われる。しかし，たとえ大病院であっても，計測可能な人的・設備的リソースのあるところは，わずかであり，計測するには日本に7院しかない労災病院アスベスト疾患ブロックセンター（https://www.erca.go.jp/asbestos/what/higai/fuan.html）に依頼するしかない。

　さらに，石綿繊維の検査をできる病院はより限られており，独立行政法人労働者健康安全機構アスベスト疾患研究・研修センター（岡山市）くらいしかない（https://www.okayamah.johas.go.jp/asbestoscenter/facility.html）。

　このように，石綿小体・石綿繊維の検査の実施にはハードルが非常に高いことから，どうしても胸部X線や胸部CTで胸膜プラーク所見や石綿肺所見が得られない場合に選択する補充的な手段と考えたほうがよいだろう。

92　　第4章　アスベスト給付金認定のための2つのポイント〜特に労災保険を念頭に〜

④　労災認定基準第2－2⑷の基準（顕著な胸膜プラーク所見＋1年以上従事の肺がん）と立証ポイント

　顕著な胸膜プラーク所見があり，かつ，石綿ばく露作業の従事期間が1年以上ある肺がんの場合には，労災認定される。上記「顕著な胸膜プラーク所見」とは，次のアまたはイをいう。ア・イの画像例等については，労災認定基準別添1「『胸部正面エックス線写真により胸膜プラークと判断できる明らかな陰影』に係る画像例及び読影における留意点等」に詳しいので，これも参考にされたい。

> ア　胸部正面エックス線写真により胸膜プラークと判断できる明らかな陰影が認められ，かつ，胸部CT画像により当該陰影が胸膜プラークとして確認されるもの。上記の「胸膜プラークと判断できる明らかな陰影」とは，次の㋐または㋑のいずれかに該当する場合をいう。
> 　　㋐　両側または片側の横隔膜に，太い線状または斑状の石灰化陰影が認められ，肋横角の消失を伴わないもの。
> 　　㋑　両側側胸壁の第6から第10肋骨内側に，石灰化の有無を問わず非対称性の限局性胸膜肥厚陰影が認められ，肋横角の消失を伴わないもの。
> イ　胸部CT画像で胸膜プラークを認め，左右いずれか一側の胸部CT画像上，胸膜プラークが最も広範囲に描出されたスライスで，その広がりが胸壁内側の4分の1以上のもの。

⑤　労災認定基準第2－2⑸の基準（多量ばく露作業5年以上従事の肺がん）と立証ポイント

　アスベストに多量ばく露する作業に5年以上従事していた労働者が肺がんを発症すると，上記②③④と異なり，胸膜プラークの有無や石綿小体・石綿繊維の有無を問わず，労災認定される。

　上記の「アスベストに多量ばく露する作業」とは，労災認定基準第1－2⑶ア・イおよび⑷の作業，つまり，

> ア 石綿製品の製造工程における石綿糸，石綿布等の石綿紡織製品を取り扱う作業
>
> イ 石綿製品の製造工程における石綿セメントまたはこれを原料として製造される石綿スレート，石綿高圧管，石綿円筒等のセメント製品を取り扱う作業
>
> ウ 石綿の吹付け作業

をいう。

立証ポイントとしては，上記ア～ウの多量ばく露作業の従事およびその期間の裏付けである。上記ア・イについては，石綿工場等に勤務していたことの立証が重要だが，通常は，年金の被保険者記録照会回答票を取り寄せれば，石綿製品メーカー等の在籍（場合によっては，所属工場も）がわかるので，これがあれば，特段の事情のない限り，上記ア・イの立証は十分であろう。一方，上記ウについては，一般的に建設作業であるところ，建設業に従事していたことだけでは吹付け作業に従事していたことに結びつかないので，上記2(2)の証拠を十分に収集することが重要であろう。

⑥ 労災認定基準第2-2(6)の基準（びまん性胸膜肥厚併発の肺がん）と立証ポイント

びまん性胸膜肥厚を併発している肺がんは，労災認定される。びまん性胸膜肥厚所見の詳解については，下記を参照されたい。

(5) びまん性胸膜肥厚の労災認定基準立証ポイント

びまん性胸膜肥厚の認定基準は，労災認定基準第2-4で定められている。①画像基準，②呼吸機能障害基準，③石綿ばく露作業従事期間基準の3つすべてを満たす必要がある。

① 画像基準

> 胸部 CT 画像上，肥厚の広がりが，片側にのみ肥厚がある場合は側胸壁の2分の1以上，両側に肥厚がある場合は側胸壁の4分の1以上あるものであること

びまん性胸膜肥厚の画像所見につき確立したものはないが，costophrenic angle（CP angle）の鈍角（dull）が有用な所見の1つである（労災認定基準別添2「『びまん性胸膜肥厚』の診断方法」第1項）。CP angleとは，肺の外縁の角度のことであり，健康な肺（胸水や胸膜肥厚のない肺）は，胸部正面X線上，鋭利な切れ込みが入っているように写る。【図表4－4】の画像は，左肺（画像向かって右）にのみびまん性胸膜肥厚が残ったため，右肺（画像向かって左）と比べて，CP angleが鈍角になっていることがわかる。

【図表4－4】びまん性胸膜肥厚の画像所見

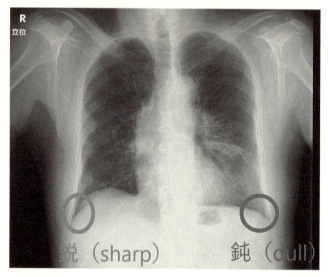

〈出所〉筆者依頼者から同意を得て掲載

② 呼吸機能障害基準

　著しい呼吸機能障害を呈していることが必要である。「著しい呼吸機能障害」の意義は，石綿肺管理4の認定基準である「著しい肺機能障害」で解説したところ（上記(3)イ(イ)）と同一であるから，これを参照されたい。

③ 石綿ばく露作業従事期間基準：石綿ばく露作業従事期間が3年以上

　この立証ポイントとしては，上記(2)②および2(2)で述べたところと同様である。

(6) 良性石綿胸水

　良性石綿胸水は，労災保険の救済対象疾病ではあるが，労災認定基準では，具体的な認定基準は定められていない。その理由としては，発生機序・臨床像ともに不明な点が多いことに加え，最終的に到達するアスベスト関連疾患の「中間的な病態」であることも影響しているように思われる。つまり，第2章6で詳述したように，良性石綿胸水は，特に発症初期は石綿を原因とする悪性（がん性）の胸水とも鑑別が困難な疾病であるし，たとえ良性の胸水であってもこれを繰り返すことにより慢性の胸膜炎，すなわち，びまん性胸膜肥厚に移行することが相当数ある。その上，胸水をドレナージするだけで自然軽快する症例も相当数あることから，特に発症初期には，どのような経過をたどるのか見込みがつきにくいアスベスト関連疾患なのである。

　そのようなこともあってか，良性石綿胸水に罹患したとして申請される全事案が厚生労働省本省協議である旨は定められている（労災認定基準第3－5(3)）。そこで，良性石綿胸水に罹患している場合には，上記基準を引用した上で，厚生労働省本省協議に付すよう具申すべきである。

第5章

申請書の具体的な書き方
および記入例

98　第5章　申請書の具体的な書き方および記入例

　本章では，前章までのアスベスト・アスベスト関連疾患・アスベスト給付金制度に関する知識・ノウハウを元に，より実践的に，各制度における書式へどのように記入すればよいのかを記入例とともにポイント・注意点を解説する。

1　労災保険の申請書の書き方および記入例

　労災保険の概要については，第3章2を参照されたい。

(1)　被害者存命（療養中）の場合に準備すべき申請書の書き方および記入例

　被害者が対象疾病で療養中の場合には，療養補償給付を受けるべく様式第5号，休業補償給付を受けるべく様式第8号を作成する。

①　「療養補償給付及び複数事業労働者療養給付たる療養の給付請求書」（様式第5号）の書き方

提出の流れ

(i)　記入例のように，請求者側記入欄を記入する。

(ii)　最後に石綿ばく露作業に労働者として従事した事業場（以下「最終ばく露事業場」という）へ事業主証明を依頼するのが原則である。

　　※1　最終ばく露事業場よりも前に石綿ばく露作業に従事した事業場がある場合に，「当該事業場が大企業である（在籍記録等が保管されている傾向にある）」「当該事業場の方が最終ばく露事業場よりも長年勤めた」などのときには，最終ばく露事業場ではなく，当該事業場に事業主証明をしてもらったほうがよい。

　　※2　また，最終ばく露事業場が倒産などにより存在しない場合や証明を拒否された場合は，「事業主証明書欄取得不能の説明書」（【巻末参考資料】⑩）を添付すると，労基署対応がスムーズになる。

(iii)　最終ばく露事業場から戻った請求書の記載内容を確認した上で，日付などを追記し，医療機関へ提出する。医療機関にて記入の上，医療機関が労基署へ提出する。

添付書類

(i)　必須書類

特になし。診断書などを事前に取る必要もない（請求後に審査の一環で労基署が取得する）。

(ii) 任意提出書類

- 被保険者記録照会回答票

  最寄りの年金事務所にて取得する。提出しておくと，労基署対応がスムーズになる。なお，取得方法については**第4章2(1)**参照。

ポイント

様式第5号（表面）

⑤労働保険番号

最終ばく露事業場へ記入を依頼する。最終ばく露事業場の記入がなかった場合には，9999……と記入する。

⑩負傷又は発病年月日

空欄で構わない。強く記入を求められた場合には，仮に対象疾病を初診した日（対象疾病の症状により，内科・呼吸器科・呼吸器内科などに最初に入通院した日）を発病日として記入すればよい。

⑰負傷又は発病の時刻

空欄で構わない。

⑱災害発生の事実を確認した者の職名，氏名

被災者本人の職名と氏名を記入する。

⑲災害の原因及び発生状況

「○○年頃〜○○年頃にかけて，○○会社の従業員として，○○業務に従事した。その際，○○の作業をすることにより，アスベストにばく露した。」程度の内容で構わない。なお，本書提出後，労基署から詳しいアスベストばく露状況を記載する「アスベスト労災保険申立書」「石綿ばく露歴質問票」[1]の提出を求められることが通例であり，その際までにより詳しい内容を詰めておけばよい。

事業主証明欄

- 最終ばく露事業場へ記入を依頼する。証明を拒否された場合には，空欄のままで構わない。

請求者欄

- 宛先には，最終ばく露事業場を管轄する労基署を記入する。一般的には事業場の

1　巻末参考資料⑥⑦参照。

所在地を管轄する労基署でよい。万が一，管轄が違う場合には，労基署内で移送してもらえるので，まずはいずれかの労基署へ提出することが肝要である。

- 経由地は，医療機関にて記入するため，空欄で構わない。
- 日付は，最終ばく露事業場へ証明を依頼する段階では空欄のままでよい。医療機関へ提出する際に記入する。
- 請求者の情報欄は，請求者（依頼者）の情報を記入する（「○○代理人弁護士△△」などと書くと修正を求められる。）。被災者が存命の場合には，被災者の情報を記入すればよい。

様式第5号（裏面）

㉒その他就業先の有無

その他の就業先がない場合，わからない場合は「無」に○を付せば足りる。

派遣先事業主証明欄　及び　社会保険労務士記載欄

- 当てはまらない場合には，空欄で構わない。

1 労災保険の申請書の書き方および記入例 101

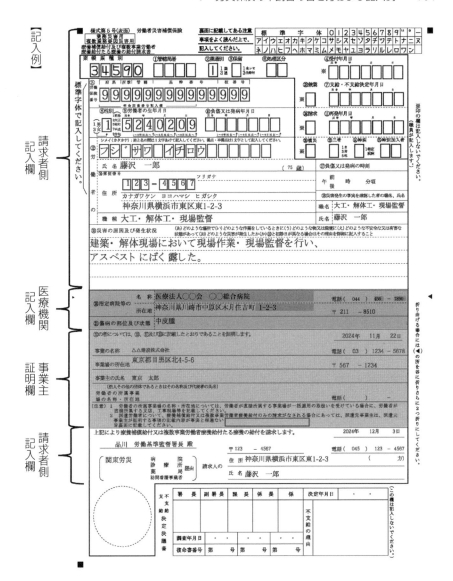

102　　第5章　申請書の具体的な書き方および記入例

様式第5号（裏面）

㉒その他就業先の有無		
有　有の場合のその数 （ただし表面の事業場を含まない） 無　　　　　　　　　　　社	有の場合でいずれかの事業で特別加入している場合の特別加入状況 （ただし表面の事業を含まない） 労働保険事務組合又は特別加入団体の名称	
労働保険番号（特別加入）	加入年月日　　　　　　　　　　　　　　　　　年　　　　　月　　　　　日	

［項目記入にあたっての注意事項］

1　記入すべき事項のない欄又は記入枠は空欄のままとし、事項を選択する場合には該当事項を〇で囲んでください。（ただし、⑧欄並びに⑨及び⑩欄の元号については、該当番号を記入枠に記入してください。）

2　⑱は、災害発生の事実を確認した者（確認した者が多数のときは最初に発見した者）を記載してください。

3　傷病補償年金又は複数事業労働者傷病年金の受給権者が当該傷病に係る療養の給付を請求する場合には、⑤労働保険番号欄に左詰めで年金証書番号を記入してください。また、⑨及び⑩は記入しないでください。

4　複数事業労働者療養給付の請求は、療養補償給付の支給決定がなされた場合、遡って請求されなかったものとみなされます。

5　㉒「その他就業先の有無」欄の記載がない場合又は複数就業していない場合は、複数事業労働者療養給付の請求はないものとして取り扱います。

6　疾病に係る請求の場合、脳・心臓疾患、精神障害及びその他二以上の事業の業務を要因とすることが明らかな疾病以外は、療養補償給付のみで請求されることとなります。

［その他の注意事項］

　この用紙は、機械によって読取りを行いますので汚したり、穴をあけたり、必要以上に強く折り曲げたり、のりづけしたりしないでください。

派遣先事業主 証明欄	派遣元事業主が証明する事項（表面の⑩、⑰及び⑲）の記載内容について事実と相違ないことを証明します。		
	年　　　月　　　日	事業の名称	電話（　　　）　　　－
		事業場の所在地	〒　　　－
		事業主の氏名	
		（法人その他の団体であるときはその名称及び代表者の氏名）	

社会保険 労務士 記載欄	作成年月日・提出代行者・事務代理者の表示	氏　名	電話番号
			（　　　）　　　－

1　労災保険の申請書の書き方および記入例　　103

②　「休業補償給付・複数事業労働者休業給付・休業特別支給金支給請求書」（様式第8号）の書き方

提出の流れ

(i)　記入例のように，請求者側記入欄を記入する。なお，別紙1・2・3の添付は不要である。

(ii)　最後に石綿ばく露作業に労働者として従事した事業場（以下「最終ばく露事業場」という）へ，事業主証明を依頼するのが原則である。

　　※1　最終ばく露事業場よりも前に石綿ばく露作業に従事した事業場がある場合に，「当該事業場が大企業である（在籍記録等が保管されている傾向にある）」「当該事業場の方が最終ばく露事業場よりも長年務めた」のときには，最終ばく露事業場ではなく，当該事業場に事業主証明をしてもらったほうがよい。

　　※2　また，最終ばく露事業場が倒産などにより存在しない場合や証明を拒否された場合は，「事業主証明書欄取得不能の説明書」【巻末参考資料⑨】を添付すると，労基署対応がスムーズになる。

(iii)　最終ばく露事業場から戻った請求書の記載内容を確認した上で，医療機関へ証明を依頼する。

(iv)　医療機関から戻った請求書の記載内容を確認した上で，日付などを追記し，労基署へ提出する。

添付書類

(i)　必須書類

　　特になし。診断書などを事前に取る必要もない（請求後に審査の一環で労基署が取得する）。

(ii)　任意提出書類

　　• 被保険者記録照会回答票

　　最寄りの年金事務所にて取得する。提出しておくと，労基署対応がスムーズになる。なお，取得方法については**第4章2(1)**参照。

ポイント

様式第8号（表面）

請求回数

　　空欄でも構わない。初回の請求であれば「1」と記入する。

②労働保険番号

104 第5章 申請書の具体的な書き方および記入例

最終ばく露事業場へ記入を依頼する。最終ばく露事業場の記入がなかった場合には，９９９９……と記入する。

⑰負傷又は発病年月日

空欄で構わない。強く記入を求められた場合には，仮に対象疾病を初診した日（対象疾病の症状により，内科・呼吸器科・呼吸器内科などに最初に入通院した日）を発病日として記入すればよい。

⑲療養のため労働できなかった期間

事業主証明及び医療機関の証明を得る段階では空欄で構わない。万全を期するのであれば，⑲の上に鉛筆で×印を書き入れ，「ご記入不要です。」と書いた付箋を貼って，最終ばく露事業場や医療機関へ送るとよい。医療機関の証明を得た後，労基署へ提出する前に㉙療養の期間を転記すればよい。

⑳賃金を受けなかった日の日数

アスベスト被害者は，高齢のため無職であることが多いので，⑲の全期間を記入することが多い。

㉓～㉖銀行口座欄

請求者の口座情報を記入する。弁護士等代理人が請求する場合には，代理人の預口口座を記入してもよいが，労基署に提出する委任状に「労災保険金の受領権限」が委任事項として明記されている必要がある。

事業主証明欄

最終ばく露事業場へ記入を依頼する。証明を拒否された場合には，空欄のままで構わない。

請求者欄

- 宛先には，最終ばく露事業場を管轄する労基署を記入する。一般的には事業場の所在地を管轄する労基署でよい。万が一，管轄が違う場合には，労基署内で移送してもらえるので，まずはいずれかの労基署へ提出することが肝要である。
- 日付は，最終ばく露事業場や医療機関へ証明を依頼する段階では空欄のままでよい。労基署へ提出する際に記入する。
- 請求者の情報欄は，依頼者の情報を記入する（「○○代理人弁護士△△」などと書くと修正を求められる。）。被災者が存命の場合には，被災者の情報を記入すればよい。被災者が故人の場合には，未支給の保険給付請求権者（一般的には，遺族補償給付の請求権者と同一。詳しくは，**第3章2(3)③参照**）の情報を記入する。

医療機関記入欄

㉘傷病の部位及び傷病名

労災保険の対象疾病（中皮腫，石綿肺，肺がん，びまん性胸膜肥厚，良性石綿胸水）のいずれかを記載してもらうことが望ましい。しかし，**第2章1(1)，第2章3 Column** などでも述べたように，対象疾病そのものを記載してもらえるとは限らないし，医師独自の「労災保険の対象ではない」との判断により作成を渋るケースがしばしば見受けられる（間質性肺炎，肺線維症，びまん性胸膜肥厚，良性石綿胸水，胸膜炎などの場合に多い）。

その理由として，専門医学的知識の審査補助のため労基署が「労災医員」（平成13.1.6厚生労働省訓第36号労災医員規程）という委嘱医師を抱えているところ，労災医員の判断が事実上労基署判断に大きな影響を与えていることを背景として，「主治医も労災保険対象か否かを判断できる」「主治医が対象疾病ではないと判断したならば，労災保険請求書や診断書の作成を拒否できる」という誤解があるように思われる。

代理人としては，上記のような作成渋りに遭ったら，安易に諦めるのではなく，「労災保険の対象か否かは，主治医ではなく，労基署が行うから，作成拒否し得ない」「対象疾病を診断できない（しない）のは構わない。現時点で主治医が診断できる病名や症状の記載でよい」などと粘り強く説得を試みるべきである。

上記のような説得にも関わらず，頑なに作成拒否の対応を続けた場合には，「病院に作成を拒否された」旨の書面を付けて，医療機関記入欄は空欄で提出すれば，一応は労基署が受け付けてくれる。

㉙療養の期間

病院側からしばしば，「いつからいつまでの期間を記入すればよいのか？」と問合せが来ることがある。本来的には，病院側が判断することなのであるが，アスベスト関連疾患に係る労災保険対応が比較的珍しいことや被災者が同一病院の別の科にも入通院していることもあるので，上記のような問合せが来るのであろう。

筆者がよく行う回答としては，「最終的には主治医の医学的見解によるが，当方の希望としては，㉘傷病の部位及び傷病名に関し貴院に初診した日を始期，作成日時点での貴院での最終の入院または通院日を終期として欲しい」というものである。

㉛療養のため労働することができなかったと認められる期間

病院側からしばしば，ⅰ「いつからいつまでの期間を記入すればよいのか？」，ⅱ「無職（高齢）であり，労働していないので，０日でよいか？」と問合せが来ることがある。

ⅰについては，上記㉙と同様の理由で問合せが来るのであろう。これに対する弊所がよく行う回答としては，「最終的には主治医の先生の医学的見解によるが，当

106　第5章　申請書の具体的な書き方および記入例

方の希望としては，㉛の始期・終期も㉙の始期・終期と同一のものを記載して欲しい」というものである。

　　ⅱについては，労災保険の休業補償給付の要件や趣旨を誤解していることによる問合せである。休業補償給付の要件は，労災保険法14条1項に規定するとおり，「業務上の負傷又は疾病による療養のため」「労働することができない（労働不能）ために」「賃金を受けない日の第4日目以降」に対し支給するものである。そして，上記の「労働不能」とは，「一般的に働けないことをいう」とされている[2]。そのため，例えば，同年齢の健常人との比較とか，労働可能な年齢かどうかとか，「もし対象疾病が無かった場合にも働いていなかったであろう」といった仮定などをする必要はなく，対象疾病の症状に照らして，端的に「働けるのか働けないのか」が重要である。その観点からすると，対象疾病により，著しい呼吸機能障害（％ＶＣ60％未満，在宅酸素療法を施しているなど）を呈したり，抗がん治療を施したりしているのであれば，「労働不能」を満たすことが一般的であると思われる。

　　以上につき，医療機関からよくなされる質問や対応であるため，弊所では，「診断書等の作成に関し医療機関・医師の方からよくあるご質問について（アスベスト編）」（204頁【巻末参考資料】⑪）を，様式第8号とともに送付して，事前に疑問・質問・不合理な対応を解消するよう努めている。

様式第8号（裏面）
㉜労働者の職種

　　被災者の被災当時の職種を記入する。以下のような職種がアスベスト被災者として多い。

> 大工，左官，鉄骨工（建築鉄工），溶接工，ブロック工，軽天工，タイル工，内装工，塗装工，吹付工，はつり，解体工，配管設備工，ダクト工，空調設備工，空調設備撤去工，電工・電気保安工，保温工，エレベーター設置工，自動ドア工，畳工，ガラス工，サッシ工，建具工，清掃・ハウスクリーニング，現場監督，機械工，防災設備工，築炉工

参照：第1回特定石綿被害建設業務労働者等認定審査会　資料4「特定石綿被害建設業務労働者等認定審査会における審査方針」[3]

2　令3.9.1基発0901第1号厚生労働省労働基準局長「労働保険給付事務取扱手引の一部改正について」別添「労災保険給付事務取扱手引」45頁

3　https://www.mhlw.go.jp/stf/newpage_23725.html

㉝負傷又は発病の時刻・㉞平均賃金・㉟所定労働時間

　空欄で構わない。

㊲災害の原因，発生状況及び発生当日の就労・療養状況

　「○○年頃〜○○年頃にかけて，○○会社の従業員として，○○業務に従事した。その際，○○の作業をすることにより，アスベストにばく露した。」程度の内容で構わない。なお，本書提出後，労基署から詳しいアスベストばく露状況を記載する「アスベスト労災保険申立書」「石綿ばく露歴質問票」[4]の提出を求められることが通例であり，その際までにより詳しい内容を詰めておけばよい。

㊳厚生年金保険等の受給関係

　空欄で構わない。㈣基礎年金番号等，わかる部分がある場合には記入しても構わない。

㊴その他就業先の有無

　その他の就業先がない場合，わからない場合は「無」に○を付せば足りる。

4　巻末参考資料⑥⑦参照。

108　第5章　申請書の具体的な書き方および記入例

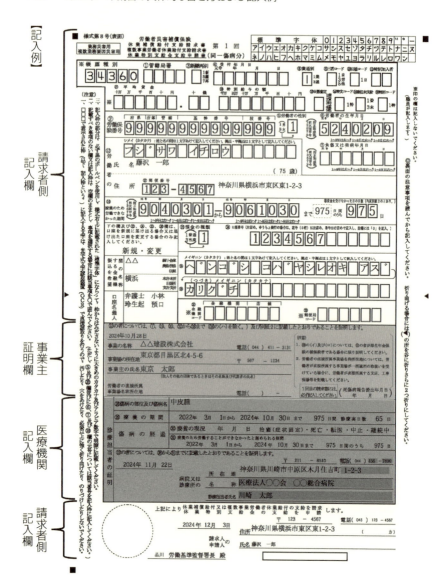

1　労災保険の申請書の書き方および記入例　109

様式第8号(裏面)

〔注意〕

㋑ 労働者の職種	㋺ 負傷又は発病の時刻	㋩ 平均賃金(算定内訳別紙1のとおり)
大工・解体工・現場監督	午前 午後　　時　　分頃	円　　銭

㋥ 所定労働時間	休業補償給付額、休業特別支給金額の改定比率	平均給与額 改訂額 のとおり
午前 午後　時　分から午前 午後　時　分まで		

㋭ 災害の原因、発生状況及び発生当日の就労・療養状況
(あ)どのような場所で(い)どのような作業をしているときに(う)どのような物又は環境に(え)どのような不安全な又は有害な状態があって(お)どのような災害が発生したか(か)⑦と初診日が同じ場合は当日所定労働時間内に退勤したか、⑦と初診日が異なる場合はその理由を詳細に記入すること

建築・解体現場において現場作業・現場監督を行い、
アスベストにばく露した。

⑱ 厚生年金保険等の受給関係

(イ) 基礎年金番号		(ロ)被保険者資格の取得年月日		年　月　日
(ハ) 当該傷病に関して支給される年金の種類等	年金の種類	厚生年金保険法の 国民年金法の 船員保険法の	イ 障害年金　ロ 障害厚生年金 ハ 障害年金　ニ 障害基礎年金 ホ 障害年金	
	障害等級			級
	支給される年金の額			円
	支給されることとなった年月日		年　月　日	
	基礎年金番号及び厚生年金等の年金証書の年金コード			
	所轄年金事務所等			

	⑲その他就業先の有無	
有 無	有の場合のその数 (ただし表面の事業場を含まない)	社
有の場合でいずれかの事業で特別加入している場合の特別加入状況(ただし表面の事業を含まない)	労働保険事務組合又は特別加入団体の名称	
	加入年月日	年　月　日
	給付基礎日額	円
	労働保険番号(特別加入)	

社会保険労務士記載欄	作成年月日・提出代行者・事務代理者の表示	氏名	電話番号
			(　)　―

Column
胸膜プラークが明確に見つかっても療養補償給付および休業補償給付が支給されないことがある

　第2章1(2),第4章3(4)②などで述べたように,胸膜プラークの有無・程度は,労災認定基準,石綿健康基準,建設アス認定基準などにも用いられており,アスベスト給付金の可否を左右する重要な医学的所見である。しかし,胸部CTで石灰化を伴ってバッチリ写っている(縦隔条件で肋骨と同様に白く写る)明確な胸膜プラーク所見があっても,中皮腫や肺がんではない場合には,労災保険の療養補償給付や休業補償給付が支給されない場合がある。
　労基署による端的・形式的な理由としては,「労災認定基準を満たさない」ということなのであるが,実質的には,アスベスト関連疾患が本格的に発症していない,つまり,「著しい呼吸機能障害にまで達していない」「経過観察に止まる」「治療を要する程度にまで症状が悪化していない」という理由であることが多い。しかし,アスベスト関連疾患は,不治の病であり,症状の進行を遅らせることはできても,寛解にまで至ることはほぼなく,日に日に症状が悪化していくことが多い。
　たとえ一度上記理由により労災保険不支給となっても,それだけで諦めずに,著しい呼吸機能障害(%ＶＣ60%未満,在宅酸素療法を施しているなど)を呈するまでに至った場合には,不支給になった後の請求期間で休業補償給付を請求することも検討すべきである。

1 労災保険の申請書の書き方および記入例　111

(2)　被害者死亡の場合に準備すべき申請書の書き方および記入例

　被害者が対象疾病により死亡した場合には，遺族補償給付を受けるべく様式第12号（遺族補償年金の場合）もしくは様式第15号（遺族補償一時金の場合），葬祭料を受けるべく様式第16号を作成する。また，死亡日から2年未満の場合には，休業補償給付が消滅時効にかかっていないため，当該期間が少しでもあるのであれば，未支給の保険給付請求権に基づく休業補償給付を受けるべく様式第8号および様式第4号を作成する。

①　「遺族補償年金・複数事業労働者遺族年金・遺族特別支給金・遺族特別年金支給請求書（申請書）」（様式第12号）の書き方

提出の流れ

(i)　記入例のように，請求者側記入欄を記入する。

(ii)　最後に石綿ばく露作業に労働者として従事した事業場（以下「最終ばく露事業場」という）へ事業主証明を依頼するのが原則である。

　※1　最終ばく露事業場よりも前に石綿ばく露作業に従事した事業場がある場合に，「当該事業場が大企業である（在籍記録等が保管されている傾向にある）」「当該事業場の方が最終ばく露事業場よりも長年務めた」のときには，最終ばく露事業場ではなく，当該事業場に事業主証明をしてもらったほうがよい。

　※2　また，最終ばく露事業場が倒産などにより存在しない場合や証明を拒否された場合は，「事業主証明書欄取得不能の説明書」【巻末参考資料】⑩を添付すると，労基署対応がスムーズになる。

(iii)　最終ばく露事業場から戻った請求書の記載内容を確認した上で，日付などを追記し，労基署へ提出する。

添付書類

(i)　必須書類（様式第12号裏面〔注意〕欄第9項参照）

・死亡診断書，死体検案書，検視調書またはそれらの記載事項証明書など，被災労働者の死亡の事実および死亡の年月日を証明することができる書類

　通常は，死亡診断書を提出すれば足りる。死亡診断書が手許にない場合には，発行した病院（多くの場合被災者が亡くなった病院）へ開示申請を行うことで，

112　第5章　申請書の具体的な書き方および記入例

写しを入手できる。病院が閉鎖した場合などで病院から死亡診断書が入手不能な
場合，市区町村の役所もしくは法務局への開示申請を行うことで写しを入手でき
る。
- 戸籍謄本・改製原戸籍・除籍謄本など，請求人および他の受給資格者と被災者と
の身分関係を証明することができる書類
　　例えば，請求人が被災者の妻または60歳以上の夫である場合には，通常は，現
在の戸籍謄本を提出すれば足りる。一方，請求人が子，父母，孫，祖父母，兄弟
姉妹である場合には，自身以外に先順位の受給権者（**第3章2(3)①ア参照**）がい
ないことを証明する必要のため，改製原戸籍や除籍謄本を提出すべき場合が多い。
- 請求人および他の受給資格者が被災者の収入によって生計を維持していたことを
証明することができる書類
　　通常は，被災者を含む世帯全員の情報が記載された住民票の写しまたは戸籍の
附票を提出すれば足りる。

(ii)　場合により必要となる書類
- 被災者と請求者が内縁関係（事実婚）にあったことや，同一生計であることを証
明する場合
　　同一住所に住んでいたことがわかる被災者と請求者それぞれの住民票の写しな
ど
- 請求人等が障害等級5級以上にあることを証明する場合
　　障害者手帳の写し，診断書など
- 今回の遺族補償給付と同一の事由により，遺族厚生年金などを受給する場合
　　支給額のわかる年金証書などの写し

3　任意提出書類
- 被保険者記録照会回答票
　　最寄りの年金事務所にて取得する。提出しておくと，労基署対応がスムーズに
なる。なお，取得方法については**第4章2(1)**参照。

ポイント

様式第12号（表面）

①労働保険番号
　　最終ばく露事業場へ記入を依頼する。最終ばく露事業場の記入がなかった場合に

1 労災保険の申請書の書き方および記入例　　113

は，9999……と記入する。

②年金証書の番号

　　空欄で構わない。わかる場合には記入する。

③死亡労働者の情報

　　職種欄には，被災者の被災当時の職種を記入する。以下のような職種がアスベスト被災者として多い。

　大工，左官，鉄骨工（建築鉄工），溶接工，ブロック工，軽天工，タイル工，内装工，塗装工，吹付工，はつり，解体工，配管設備工，ダクト工，空調設備工，空調設備撤去工，電工・電気保安工，保温工，エレベーター設置工，自動ドア工，畳工，ガラス工，サッシ工，建具工，清掃・ハウスクリーニング，現場監督，機械工，防災設備工，築炉工

参照：第1回特定石綿被害建設業務労働者等認定審査会　資料4「特定石綿被害建設業務労働者等認定審査会における審査方針」[5]

④負傷又は発病年月日

　　空欄で構わない。強く記入を求められた場合には，仮に対象疾病を初診した日（対象疾病の症状により，内科・呼吸器科・呼吸器内科などに最初に入通院した日）を発病日として記入すればよい。

⑤死亡年月日

　　死亡診断書または戸籍謄本に記載の死亡年月日を記入する。

⑥災害の原因及び発生状況

　　「○○年頃～○○年頃にかけて，○○会社の従業員として，○○業務に従事した。その際，○○の作業をすることにより，アスベストにばく露した。」程度の内容で構わない。なお，本書提出後，労基署から詳しいアスベストばく露状況を記載する「アスベスト労災保険申立書」「石綿ばく露歴質問票」[6]の提出を求められることが通例であり，その際までにより詳しい内容を詰めておけばよい。

⑦平均賃金・⑧特別給与の総額（年額）

　　空欄で構わない。

⑨厚生年金保険等の受給関係

　　空欄で構わない。わかる部分がある場合は記入しても構わない。

事業主証明欄

・最終ばく露事業場へ記入を依頼する。証明を拒否された場合には，空欄のままで

5　https://www.mhlw.go.jp/stf/newpage_23725.html

構わない。

⑩請求人申請人の情報

請求者の情報を記入する。

同一順位の受給権者（**第3章2(3)①ア参照**）が複数いる場合は，全員分記入する。この場合，労災保険法施行規則15条の5に基づき，「遺族補償給付代表者選任／解任届」[7]の提出が必要である。詳しくは，**第3章2(3)① Column** を参照されたい。

⑪請求人（申請人）以外の遺族補償年金又は複数事業労働者遺族年金を受けることができる遺族の情報

空欄で構わない。

⑫添付する書類その他の資料名

添付する書類名を記入する。

⑬年金の払渡しを受けることを希望する金融機関又は郵便局・特別支給金について振込を希望する金融機関の情報

請求者の口座情報を記入する。弁護士等代理人が請求する場合には，代理人の預口口座を記入してもよいが，労基署に提出する委任状に「労災保険金の受領権限」が委任事項として明記されている必要がある。

請求者欄

- 宛先には，最終ばく露事業場を管轄する労基署を記入する。一般的には事業場の所在地を管轄する労基署でよい。万が一，管轄が違う場合には，労基署内で移送してもらえるので，まずはいずれかの労基署へ提出することが肝要である。

- 日付は，最終ばく露事業場へ証明を依頼する段階では空欄のままでよい。労基署へ提出する際に記入する。

- 請求者の情報欄は，請求者（依頼者）の情報を記入する（「〇〇代理人弁護士△△」などと書くと修正を求められる。）。

様式第12号（裏面）

⑭その他就業先の有無

その他の就業先がない場合，わからない場合は「無」に〇を付せば足りる。

社会保険労務士記載欄

- 当てはまらない場合には，空欄で構わない。

6　巻末参考資料⑥⑦参照。

7　巻末参考資料③参照。

1 労災保険の申請書の書き方および記入例 115

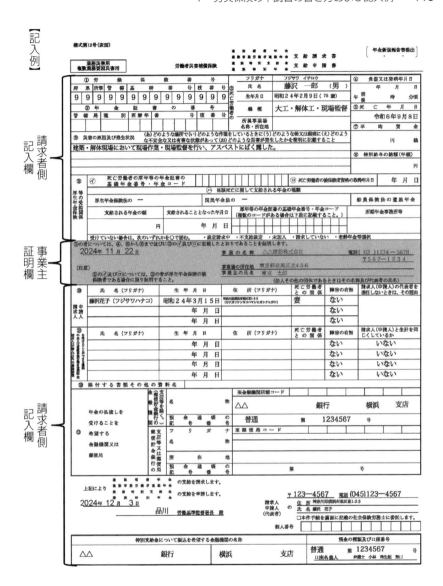

116　第5章　申請書の具体的な書き方および記入例

様式第12号（裏面）

	⑳その他就業先の有無		
無	有の場合のその数（ただし表面の事業場を含まない）社	有の場合でいずれかの事業で特別加入している場合の特別加入状況（ただし表面の事業を含まない）	
		労働保険事務組合又は特別加入団体の名称	
労働保険番号（特別加入）	加入年月日		年　　　月　　　日
	給付基礎日額		円

〔注意〕
1　※印欄には記載しないこと。
2　事項を選択する場合には該当する事項を○で囲むこと。
3　①の死亡労働者の「所属事業場名称・所在地」欄には、死亡労働者が直接所属していた事業場が一括適用の取扱いを受けている場合に、死亡労働者が直接所属していた支店、工事現場等を記載すること。
4　②には、平均賃金の算定基礎期間中に業務外の傷病の療養のため休業した期間が含まれている場合に、当該平均賃金に相当する額の算定の基礎となった期間の日数及びその期間中の賃金を業務上の傷病の療養のため休業した期間の日数及びその期間中の賃金とみなして算定した平均賃金に相当する額に満たないときは、当該みなして算定した平均賃金に相当する額を記載すること（様式第8号の別紙1に内訳を記載し添付すること。ただし、既に提出されている場合を除く。）。
5　③には負傷又は発病の日以前1年間（雇入後1年に満たない者については、雇入後の期間）に支払われた労働基準法第12条第4項の3第1号を超える期間ごとに支払われた賃金の総額を記載すること（様式第8号の別紙1に内訳を記載し添付すること。ただし、既に提出されている場合を除く。）。
6　死亡労働者が傷病補償年金又は複数事業労働者傷病年金を受けていた場合には、
　（1）①、④及び⑤には記載する必要がないこと。
　（2）②には、当該傷病補償年金又は複数事業労働者傷病年金に係る年金証書の番号を記載すること。
　（3）事業主の証明を受ける必要がないこと。
7　死亡労働者が特別加入者であった場合には、
　（1）⑦にはその者の給付基礎日額を記載すること。
　（2）⑧は記載する必要がないこと。
　（3）④及び⑥の事項を証明することができる書類その他の資料を添えること。
　（4）事業主の証明を受ける必要がないこと。
8　⑨から⑫までに記載することができない場合には、別紙を付して所要の事項を記載すること。
9　この請求書（申請書）には、次の書類その他の資料を添えること。ただし、個人番号が未提出の場合を除き、（2）、（3）及び（5）の書類として住民票の写しを添える必要はないこと。
　（1）労働者の死亡に関して市町村長に提出した死亡診断書、死体検案書若しくは検視調書に記載してある事項についての市町村長の証明書又はこれに代わるべき書類
　（2）請求人（申請人）（遺族補償年金又は複数事業労働者遺族年金を受けることができる遺族と死亡労働者との身分関係を証明することができる戸籍の謄本又は抄本（請求人（申請人）又は請求人（申請人）以外の遺族補償年金又は複数事業労働者遺族年金を受けることができる遺族が死亡労働者と縁組の届出をしていないが事実上婚姻関係と同様の事情にあった者であるときは、その事実を証明することができる書類）
　（3）請求人（申請人）又は請求人（申請人）以外の遺族補償年金又は複数事業労働者遺族年金を受けることができる遺族（労働者の死亡の当時胎児であった子を除く。）が死亡労働者の収入によって生計を維持していたことを証明することができる書類
　（4）請求人（申請人）又は請求人（申請人）以外の遺族補償年金又は複数事業労働者遺族年金を受けることができる遺族のうち労働者の死亡の時から引き続き障害の状態にある者については、その事実を証明することができる医師又は歯科医師の診断書その他の資料
　（5）請求人（申請人）以外の遺族補償年金又は複数事業労働者遺族年金を受けることができる遺族のうち、請求人（申請人）と生計を同じくしている者については、その事実を証明することができる書類
　（6）障害の状態にある者については、労働者の死亡の時以後障害の状態にあったこと及びその障害の状態が生じ、又はその事情がなくなった時を証明することができる医師又は歯科医師の診断書その他の資料
10　⑬については、次により記載すること。
　（1）遺族補償年金又は複数事業労働者遺族年金の支給を受けることとなる場合において、遺族補償年金又は複数事業労働者遺族年金の払渡しを金融機関（郵便貯金銀行の支店等を除く。）から受けることを希望する者にあっては「金融機関（郵便貯金銀行の支店等を除く。）」欄に、遺族補償年金又は複数事業労働者遺族年金の払渡しを郵便貯金銀行の支店等又は郵便局から受けることを希望する者にあっては「郵便貯金銀行の支店等又は郵便局」欄に、それぞれ記載すること。
　　なお、郵便貯金銀行の支店等又は郵便局から払渡しを受けることを希望する場合であって振込によらないときは、「預金通帳の記号番号」の欄は記載する必要がないこと。
　（2）請求人（申請人）が2人以上ある場合において代表者を選任したときは、⑬の最初の請求人（申請人）について記載し、その他の請求人（申請人）については別紙を付して所要の事項を記載すること。
11　「個人番号」の欄については、請求人（申請人）の個人番号を記載すること。
12　本件手続を社会保険労務士に委託する場合は、「請求人（申請人）の氏名」欄の下の□にレ点を記入すること。
13　「その他就業先の有無」で「有」に○を付けた場合は、様式第8号の別紙1及2をその他就業先ごとに記載すること。その際、その他就業先に様式第8号の別紙1を記載し添付すること。なお、既に他の保険給付の請求において記載している様式は、記載の必要がないこと。
14　複数事業労働者遺族年金の請求は、遺族補償年金の支給決定がなされた場合、遡って請求されなかったものとみなされること。
15　「⑳その他就業先の有無」欄の記載がない場合又は複数就業していない場合は、複数事業労働者遺族年金の請求はないものとして取り扱うこと。

社会保険労務士記載欄	作成年月日・提出代行者・事務代理者の表示	氏　　名	電話番号

1　労災保険の申請書の書き方および記入例　　**117**

② 「遺族補償一時金・複数事業労働者遺族一時金・遺族特別支給金・遺族特別一時金支給請求書(申請書)」(様式第15号) の書き方

提出の流れ

(i)　記入例のように，請求者側記入欄を記入する。

(ii)　最後に石綿ばく露作業に労働者として従事した事業場（以下「最終ばく露事業場」という）へ，事業主証明を依頼するのが原則である。

> ※1　最終ばく露事業場よりも前に石綿ばく露作業に従事した事業場がある場合に，「当該事業場が大企業である（在籍記録等が保管されている傾向にある）」「当該事業場の方が最終ばく露事業場よりも長年務めた」のときには，最終ばく露事業場ではなく，当該事業場に事業主証明をしてもらったほうがよい。

> ※2　また，最終ばく露事業場が倒産などにより存在しない場合や証明を拒否された場合は，「事業主証明書欄取得不能の説明書」【巻末参考資料】⑩を添付すると，労基署対応がスムーズになる。

(iii)　最終ばく露事業場から戻った請求書の記載内容を確認した上で，日付などを追記し，労基署へ提出する。

添付書類

(i)　必須書類（様式第15号裏面〔注意〕欄第10項参照）

- 死亡診断書，死体検案書，検視調書またはそれらの記載事項証明書など，被災労働者の死亡の事実および死亡の年月日を証明することができる書類

　　通常は，死亡診断書を提出すれば足りる。死亡診断書が手許にない場合には，発行した病院（多くの場合被災者が亡くなった病院）へ開示申請を行うことで，写しを入手できる。病院が閉鎖した場合などで病院から死亡診断書が入手不能な場合，市区町村の役所もしくは法務局への開示申請を行うことで写しを入手できる。

- 戸籍謄本・改製原戸籍・除籍謄本など，請求人および他の受給資格者と被災労働者との身分関係を証明することができる書類

　　例えば，請求人が被災者の配偶者である場合には，通常は，戸籍謄本を提出すれば足りる。一方，請求人が子，父母，孫，祖父母，兄弟姉妹である場合には，自身以外に先順位の受給権者（**第3章2(3)①イ参照**）がいないことを証明する必要のため，改製原戸籍や除籍謄本を提出すべき場合が多い。

118   第5章　申請書の具体的な書き方および記入例

(ii) 場合により必要となる書類
- 被災者と請求者が内縁関係（事実婚）にあったことや，同一生計であることを証明する場合

    通常は，被災者を含む世帯全員の情報が記載された住民票の写しまたは戸籍の附票を提出すれば足りる。

(iii) 任意提出書類
- 被保険者記録照会回答票

    最寄りの年金事務所にて取得する。提出しておくと，労基署対応がスムーズになる。なお，取得方法については**第4章2(1)**参照。

ポイント

様式第15号（表面）

①労働保険番号

    最終ばく露事業場へ記入を依頼する。最終ばく露事業場の記入がなかった場合には，9999……と記入する。

②年金証書の番号

    空欄で構わない。わかる場合には記入する。

③死亡労働者の情報

    職種欄には，被災者の被災当時の職種を記入する。以下のような職種がアスベスト被災者として多い。

> 大工，左官，鉄骨工（建築鉄工），溶接工，ブロック工，軽天工，タイル工，内装工，塗装工，吹付工，はつり，解体工，配管設備工，ダクト工，空調設備工，空調設備撤去工，電工・電気保安工，保温工，エレベーター設置工，自動ドア工，畳工，ガラス工，サッシ工，建具工，清掃・ハウスクリーニング，現場監督，機械工，防災設備工，築炉工

    参照：第1回特定石綿被害建設業務労働者等認定審査会　資料4「特定石綿被害建設業務労働者等認定審査会における審査方針」[8]

④負傷又は発病年月日

    空欄で構わない。強く記入を求められた場合には，仮に対象疾病を初診した日（対象疾病の症状により，内科・呼吸器科・呼吸器内科などに最初に入通院した日）を発病日として記入すればよい。なお，時刻は空欄で構わない。

8　https://www.mhlw.go.jp/stf/newpage_23725.html

⑤死亡年月日

死亡診断書または戸籍謄本に記載の死亡年月日を記入する。

⑥災害の原因及び発生状況

「○○年頃～○○年頃にかけて，○○会社の従業員として，○○業務に従事した。その際，○○の作業をすることにより，アスベストにばく露した。」程度の内容で構わない。なお，本書提出後，労基署から詳しいアスベストばく露状況を記載する「アスベスト労災保険申立書」「石綿ばく露歴質問票」[9]の提出を求められることが通例であり，その際までにより詳しい内容を詰めておけばよい。

⑦平均賃金・⑧特別給与の総額（年額）

空欄で構わない。

事業主証明欄

- 最終ばく露事業場へ記入を依頼する。証明を拒否された場合には，空欄のままで構わない。

⑨請求人申請人の情報

請求者の情報を記入する。

同一順位の受給権者（**第3章2(3)①イ参照**）が複数いる場合は全員分記入する。この場合，労災保険法施行規則16条4項・15条の5に基づき，「遺族補償給付代表者選任／解任届」[10]の提出が必要である。詳しくは，**第3章2(3)① Column** を参照されたい。

⑩添付する書類その他の資料名

添付する書類名を記入する。

請求者欄

- 宛先には，最終ばく露事業場を管轄する労基署を記入する。一般的には事業場の所在地を管轄する労基署でよい。万が一，管轄が違う場合には，労基署内で移送してもらえるので，まずはいずれかの労基署へ提出することが肝要である。
- 日付は，最終ばく露事業場へ証明を依頼する段階では空欄のままでよい。労基署へ提出する際に記入する。

9　巻末参考資料⑥⑦参照。

10　巻末参考資料③参照。

120 　第5章　申請書の具体的な書き方および記入例

- ・請求者の情報欄は，請求者（依頼者）の情報を記入する（「○○代理人弁護士△
  △」などと書くと修正を求められる。）。

銀行口座欄

- ・請求者の口座情報を記入する。弁護士等代理人が請求する場合には，代理人の預
  口口座を記入してもよいが，労基署に提出する委任状に「労災保険金の受領権限」
  が委任事項として明記されている必要がある。

様式第15号（裏面）

⑪その他就業先の有無

　その他の就業先がない場合，わからない場合は「無」に○を付せば足りる。

社会保険労務士記載欄

　当てはまらない場合には，空欄で構わない。

1 労災保険の申請書の書き方および記入例　　121

【記入例】

様式第15号（表面）

労働者災害補償保険
遺族補償一時金
複数事業労働者遺族一時金　支給請求書
遺族特別支給金
遺族特別一時金　　　支給申請書

請求者側記入欄

① 労　働　保　険　番　号				
府県 所掌 管轄	基幹番号	枝番号
9 9 9 9	9 9 9 9 9 9	9 9 9

② 年　金　証　書　の　番　号			
管轄局 種別 西暦年	番　号	枝番号

	フリガナ	フジサワ イチロウ
死亡労働者の	氏　名	藤沢 一郎　　（男・女）
	生年月日	昭和24年 2月 9日 （ 75 歳）
	職　種	大工・解体工・現場監督
	所属事業場名称所在地	

⑤ 災害の原因及び発生状況　（あ）どのような場所で（い）どのような作業をしているときに（う）どのような物又は環境に（え）どのような不安全な又は有害な状態があって（お）どのような災害が発生したかを簡明に記載すること

建築・解体現場において現場作業・現場監督を行い、アスベストにばく露した。

④ 負傷又は発病年月日	
年　　月　日	
午前後　時　分頃	

⑤ 死亡年月日	
令和6年 9月 8日	

⑥ 平均賃金	
円　銭	

⑧ 特別給与の総額（年額）	
円	

事業主証明欄

⑦の者については、④及び⑤から⑧までに記載したとおりであることを証明します。

電話（ 03 ）1234 ─ 5678

事業の名称　　△△建設株式会社　　　　　　　　〒567─1234

2024年 10月 28日

事業場の所在地　　東京都品区北4-6-6

事業主の氏名　　東京 太郎
（法人その他の団体であるときはその名称及び代表者の氏名）

請求者側記入欄

⑨	フリガナ氏名	生年月日	フリガナ住所	死亡労働者との関係	請求人（申請人）の代表者を選任しないときはその理由
請求人申請人	フジサワ ハナコ藤沢 花子	昭和24年3月15日	カナガワケンヨコハマシヒガシクヒガシ神奈川県横浜市東区東1-2-3	妻	
		年　月　日			
		年　月　日			
		年　月　日			

⑩ 添付する書類その他の資料名

上記により

遺族補償一時金
複数事業労働者遺族一時金　の支給を請求します。
遺族特別支給金
遺族特別一時金　　　　　　　の支給を申請します。

〒123─4567　　電話（045）123─4567
　　　　　　　　万

2024年 12月 3日

品川 労働基準監督署長 殿

請求人申請人　の　住所　神奈川県横浜市東区東1-2-3
（代表者）　　　氏名　　　藤沢 花子

振込を希望する金融機関の名称				預金の種類及び口座番号	
△△	銀行・金庫農協・漁協・信組	横浜	本店・本所出張所支店・支所	普通・当座　第 1234567 号	
				口座名義人 弁護士 小林 玲生菜 預口	

122　第5章　申請書の具体的な書き方および記入例

③　「葬祭料又は複数事業労働者葬祭給付請求書」（様式第16号）の書き方

提出の流れ

(i)　記入例のように，請求者側記入欄を記入する。

(ii)　最後に石綿ばく露作業に労働者として従事した事業場（以下「最終ばく露事業場」という）へ事業主証明を依頼するのが原則である。

　　※1　最終ばく露事業場よりも前に石綿ばく露作業に従事した事業場がある場合に，「当該事業場が大企業である（在籍記録等が保管されている傾向にある）」「当該事業場の方が最終ばく露事業場よりも長年務めた」などのときには，最終ばく露事業場ではなく，当該事業場に事業主証明をしてもらったほうがよい。

　　※2　また，最終ばく露事業場が倒産などにより存在しない場合や証明を拒否された場合は，「事業主証明欄取得不能の説明書」【巻末参考資料】⑩を添付すると，労基署対応がスムーズになる。

(iii)　最終ばく露事業場から戻った請求書の記載内容を確認した上で，日付などを追記し，労基署へ提出する。

添付書類

(i)　必須書類

- 死亡診断書，死体検案書，検視調書またはそれらの記載事項証明書など，被災労働者の死亡の事実および死亡の年月日を証明することができる書類

　　通常は，死亡診断書を提出すれば足りる。葬祭料の請求は，遺族補償給付請求と同時に行うことが多いが，同請求に添付されている場合には，二重に提出する必要はない。

(ii)　場合により必要となる書類

　　特になし。

(iii)　任意提出書類

- 葬祭料の領収書

　　領収書なしで労基署へ申請した場合，追加提出を求められることがあるので，請求時に添付しておくのがよい。また，領収書を紛失した場合には，葬儀を執行した葬儀社から「葬儀執行証明書」を取り付けるなどして対応することもある。

1 労災保険の申請書の書き方および記入例　　**123**

ポイント

様式第16号（表面）

①労働保険番号

　　最終ばく露事業場へ記入を依頼する。最終ばく露事業場の記入がなかった場合には，９９９９……と記入する。

②年金証書の番号

　　空欄で構わない。わかる場合には記入する。

③請求人の情報

　　請求者（依頼者）の情報を記入する（「○○代理人弁護士△△」などと書くと修正を求められる。）。

④死亡労働者の情報

　　職種欄には，被災者の被災当時の職種を記入する。以下のような職種がアスベスト被災者として多い。

　　大工，左官，鉄骨工（建築鉄工），溶接工，ブロック工，軽天工，タイル工，内装工，塗装工，吹付工，はつり，解体工，配管設備工，ダクト工，空調設備工，空調設備撤去工，電工・電気保安工，保温工，エレベーター設置工，自動ドア工，畳工，ガラス工，サッシ工，建具工，清掃・ハウスクリーニング，現場監督，機械工，防災設備工，築炉工

　　参照：第１回特定石綿被害建設業務労働者等認定審査会　資料４「特定石綿被害建設業務労働者等認定審査会における審査方針」[11]

⑤負傷又は発病年月日

　　空欄で構わない。強く記入を求められた場合には，仮に対象疾病を初診した日（対象疾病の症状により，内科・呼吸器科・呼吸器内科などに最初に入通院した日）を発病日として記入すればよい。なお，時刻は空欄で構わない。

⑥災害の原因及び発生状況

　　「○○年頃～○○年頃にかけて，○○会社の従業員として，○○業務に従事した。その際，○○の作業をすることにより，アスベストにばく露した。」程度の内容で構わない。なお，本書提出後，労基署から詳しいアスベストばく露状況を記載する「アスベスト労災保険申立書」「石綿ばく露歴質問票」[12]の提出を求められることが通例であり，その際までにより詳しい内容を詰めておけばよい。

11　https://www.mhlw.go.jp/stf/newpage_23725.html

12　巻末参考資料⑥⑦参照。

124　第5章　申請書の具体的な書き方および記入例

⑦死亡年月日

　　死亡診断書または戸籍謄本に記載の死亡年月日を記入する。

⑧平均賃金

　　空欄で構わない。

事業主証明欄

　　最終ばく露事業場へ記入を依頼する。証明を拒否された場合には，空欄のままで構わない。

⑩添付する書類その他の資料名

　　添付する書類名を記入する。

請求者欄

- 宛先には，最終ばく露事業場を管轄する労基署を記入する。一般的には事業場の所在地を管轄する労基署でよい。万が一，管轄が違う場合には，労基署内で移送してもらえるので，まずはいずれかの労基署へ提出することが肝要である。
- 日付は，最終ばく露事業場へ証明を依頼する段階では空欄のままでよい。労基署へ提出する際に記入する。
- 請求者の情報欄は，請求者（依頼者）の情報を記入する。

銀行口座欄

- 請求者の口座情報を記入する。弁護士等代理人が請求する場合には，代理人の預口口座を記入してもよいが，労基署に提出する委任状に「労災保険金の受領権限」が委任事項として明記されている必要がある。

様式第16号（裏面）

⑩その他就業先の有無

　　その他の就業先がない場合，わからない場合は「無」に〇を付せば足りる。

社会保険労務士記載欄

　　当てはまらない場合には，空欄で構わない。

1 労災保険の申請書の書き方および記入例

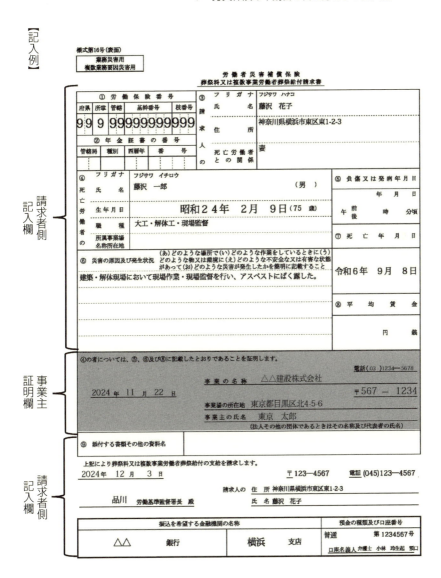

126　第5章　申請書の具体的な書き方および記入例

2　特別遺族給付金制度の申請書の書き方および記入例

特別遺族給付金制度の概要については，第3章3を参照されたい。

①　特別遺族年金支給請求書（様式第1号）の書き方

提出の流れ

(i)　請求者側記入欄を記入する。

(ii)　最後に石綿ばく露作業に労働者として従事した事業場（以下「最終ばく露事業場」という）へ，事業主証明を依頼するのが原則である。

　※1　最終ばく露事業場よりも前に石綿ばく露作業に従事した事業場がある場合に，「当該事業場が大企業である（在籍記録等が保管されている傾向にある）」「当該事業場の方が最終ばく露事業場よりも長年務めた」のときには，最終ばく露事業場ではなく，当該事業場に事業主証明をしてもらったほうがよい。

　※2　また，最終ばく露事業場が倒産などにより存在しない場合や証明を拒否された場合は，「事業主証明書欄取得不能の説明書」【巻末参考資料】⑩を添付すると，労基署対応がスムーズになる。

(iii)　最終ばく露事業場から戻った請求書の記載内容を確認した上で，日付などを追記し，労基署へ提出する。

添付書類

(i)　必須書類（様式第1号裏面［注意］欄第9項参照）

- 死亡労働者等に係る死亡診断書，死体検案書，もしくは検視調書に記載してある死亡原因等の事項についての地方法務局または支局の証明書（当該証明書が発行されない場合にはこれに代わるべき書類）

　通常は，死亡診断書を提出すれば足りる。死亡診断書が手許にない場合には，発行した病院（多くの場合被災者が亡くなった病院）へ開示申請を行うことで，写しを入手できる。

　死亡から5年以上が経っている場合や病院が閉鎖した場合などで死亡診断書が病院から入手不能な場合，市区町村の役所もしくは法務局への開示申請を行うことで写しを入手できる。ただし，役所や法務局にも保管期間が定められているため，一定期間後（最短で死亡届を市町村長が受理した年度の翌年から5年間，最

長で死亡届を法務局が受理した年度の翌年から27年間[13]）は破棄されてしまう。もっとも，法令で定めた期間を越えても保管されている場合がままある。破棄の時期は，病院や役所，法務局などによっても異なるようなので，ダメ元でも請求してみるのがよい。

- 戸籍謄本・改製原戸籍・除籍謄本など，請求人および他の受給資格者と被災労働者との身分関係を証明することができる書類

    例えば，請求人が被災者の妻または55歳以上の夫である場合には，通常は，戸籍謄本を提出すれば足りる。一方，請求人が子，父母，孫，祖父母，兄弟姉妹である場合には，自身以外に先順位の受給権者（**第3章3⑵①参照**）がいないことを証明する必要のため，改製原戸籍や除籍謄本を提出すべき場合が多い。

(ii) 場合により必要となる書類

- 被災者と請求者が事実婚関係にあったことや，同一生計であることを証明する場合

    通常は，被災者を含む世帯全員の情報が記載された住民票の写しまたは戸籍の附票を提出すれば足りる。

(iii) 任意提出書類

- 被保険者記録照会回答票

    最寄りの年金事務所にて取得する。提出しておくと，労基署対応がスムーズになる。なお，取得方法については**第4章2⑴参照**。

ポイント

様式第1号（表面）

①労働保険番号

    最終ばく露事業場へ記入を依頼する。最終ばく露事業場の記入がなかった場合には，９９９９……と記入する。

②死亡労働者等の情報

    職種欄には，被災者の被災当時の職種を記入する。以下のような職種がアスベスト被災者として多い。

> 大工，左官，鉄骨工（建築鉄工），溶接工，ブロック工，軽天工，タイル工，内装工，塗装工，吹付工，はつり，解体工，配管設備工，ダクト工，空調設備工，空調設備撤去工，電工・電気保安工，保温工，エレベーター設置工，自動

---

13 戸籍法施行規則48条～49条の2

ドア工，畳工，ガラス工，サッシ工，建具工，清掃・ハウスクリーニング，現場監督，機械工，防災設備工，築炉工

　　参照：第1回特定石綿被害建設業務労働者等認定審査会　資料4「特定石綿被害建設業務労働者等認定審査会における審査方針」[14]

③発病年月日

　　空欄で構わない。強く記入を求められた場合には，仮に対象疾病を初診した日（対象疾病の症状により，内科・呼吸器科・呼吸器内科などに最初に入通院した日）を発病日として記入すればよい。時刻は空欄で構わない。

④死亡年月日

　　死亡診断書または戸籍謄本に記載の死亡年月日を記入する。

⑤石綿ばく露作業の従事時期及びその内容

　　「○○年頃～○○年頃にかけて，○○会社の従業員として，○○業務に従事した。その際，○○の作業をすることにより，アスベストにばく露した。」程度の内容で構わない。なお，本書提出後，労基署から詳しいアスベストばく露状況を記載する「アスベスト労災保険申立書」「石綿ばく露歴質問票」[15]の提出を求められることが通例であり，その際までにより詳しい内容を詰めておけばよい。

事業主証明欄

・最終ばく露事業場へ記入を依頼する。証明を拒否された場合には，空欄のままで構わない。

⑥上記以外の事業場における石綿ばく露作業の従事状況

　　特にない場合は空欄で構わない。

⑦請求人

　　請求者の情報を記入する。

　　同一順位の受給権者（**第3章3(2)①参照**）が複数いる場合は全員分記入する。この場合，労災保険の遺族補償給付と同様に，石綿健康被害救済法施行規則（厚労省関係）8条に基づき，請求および受領につき代表者の選任届を提出する必要がある。書式については，「遺族補償給付代表者選任／解任届」[16]のタイトルを変えるなどして流用すればよい。

14　https://www.mhlw.go.jp/stf/newpage_23725.html

15　巻末参考資料⑥⑦参照。

16　巻末参考資料③参照。

⑧請求人以外の特別遺族年金を受けることができる遺族

　　空欄で構わない。わかっている場合には記入する。

⑨添付する書類その他の資料名

　　添付する書類名を記入する。石綿健康被害救済制度の支給決定通知書などがあれば，それを添付したほうがよい。

⑩年金の払渡しを受けることを希望する金融機関又は郵便局

　　請求者の口座情報を記入する。弁護士等代理人が請求する場合には，代理人の預口口座を記入してもよいが，労基署に提出する委任状に「労災保険金の受領権限」が委任事項として明記されている必要がある。

⑪救済給付における特別遺族弔慰金等の認定等の有無

　　当てはまらない場合やわからない場合には，空欄もしくは「申請の予定なし」としておけばよい。石綿健康被害救済制度に基づく特別遺族弔慰金や特別葬祭料をすでに受給している場合など，わかる場合にはその旨記入する。なお，特別遺族弔慰金や特別葬祭料については**第3章4**参照。

請求者欄

- 宛先には，最終ばく露事業場を管轄する労基署を記入する。一般的には事業場の所在地を管轄する労基署でよい。万が一，管轄が違う場合には，労基署内で移送してもらえるので，まずはいずれかの労基署へ提出することが肝要である。
- 日付は，最終ばく露事業場へ証明を依頼する段階では空欄のままでよい。労基署へ提出する際に記入する。
- 請求者の情報欄は，請求者（依頼者）の情報を記入する（「○○代理人弁護士△△」などと書くと修正を求められる）。

様式第1号（裏面）

社会保険労務士記載欄

- 当てはまらない場合には，空欄で構わない。

130 第5章 申請書の具体的な書き方および記入例

【記入例】

様式第1号（表面）

石綿健康被害救済法
特別遺族年金支給請求書

請求者側 記入欄

① 労働保険番号					死亡労働者等の	フリガナ	フジサワ イチロウ		
府県	所掌	管轄	基幹番号	枝番号		氏 名	藤沢 一郎		（男 ）
99	9	999	99999	999		生年月日	昭和24年 2月 9日（75 歳）		

③ 発病年月日		職 種	大工・解体工・現場監督
年 月 日頃			

④ 死亡年月日	所属事業場の名称 所在地	△△建設株式会社
令和6年9月8日		東京都目黒区北4-5-6

⑤ 石綿ばく露作業の従事時期及びその内容

建築・解体現場において現場作業・現場監督を行い、アスベストにばく露した。

事業主 証明欄

②の者については、⑤に記載したとおりであることを証明します。

	事業の名称	電話番号	局 番
年 月 日	事業場の所在地	郵便番号	
	事業主の氏名		
	（法人その他の団体であるときはその名称及び代表者の氏名）		

請求者側 記入欄

⑥ 上記以外の事業場における石綿ばく露作業の従事状況	事業の名称	就業時期	業務内容

⑦ 請 求 人	フリガナ 氏 名	生年月日	フリガナ 住 所	死亡労働者等との関係	障害の有無	請求人の代表者を選任しないときはその理由
	フジサワ ハナコ 藤沢 花子	昭和24年3月15日	カナガワケン ヨコハマシヒガシクヒガシ 神奈川県横浜市東区東1-2-3	妻	ない	
		年 月 日			ない	
		年 月 日			ない	

⑧ 請求人以外の特別遺族年金を受けることができる遺族	フリガナ 氏 名	生年月日	フリガナ 住 所	死亡労働者等との関係	障害の有無	請求人と生計を同じくしている
		年 月 日			ない	いない
		年 月 日			ない	いない
		年 月 日			ない	いない

⑨ 添付する書類その他の資料名

⑩ 年金の払渡しを受けることを希望する金融機関又は郵便局	金融機関	名 称	※金融機関店舗コード			
			△△ 銀行	横浜 支店		
		預金通帳の記号番号	普 第1234567 号			
	郵便局	フリガナ 名 称	※郵便局コード			郵 便 局
		所 在 地	都道府県	市郡区		
		郵便振替口座の口座番号	第 号			

⑪ 救済給付における特別遺族弔慰金等の認定等の有無	申請の予定なし

上記により特別遺族年金の支給を請求します。

2024年12月3日

品川 労働基準監督署長 殿

郵便番号 123-4567 電話番号 (045)123-4567 局 番

請 求 人（代表者）の 住 所 神奈川県横浜市東区東1-2-3
氏 名 藤沢 花子

2　特別遺族給付金制度の申請書の書き方および記入例　　131

②　特別遺族一時金支給請求書（様式第7号）の書き方

提出の流れ

(i)　記入例のように，請求者側記入欄を記入する。

(ii)　最後に石綿ばく露作業に労働者として従事した事業場（以下「最終ばく露事業場」という）へ，事業主証明を依頼するのが原則である。

　　※1　最終ばく露事業場よりも前に石綿ばく露作業に従事した事業場がある場合に，「当該事業場が大企業である（在籍記録等が保管されている傾向にある）」「当該事業場の方が最終ばく露事業場よりも長年務めた」のときには，最終ばく露事業場ではなく，当該事業場に事業主証明をしてもらったほうがよい。

　　※2　また，最終ばく露事業場が倒産などにより存在しない場合や証明を拒否された場合は，「事業主証明書欄取得不能の説明書」【巻末参考資料】⑩を添付すると，労基署対応がスムーズになる。

(iii)　最終ばく露事業場から戻った請求書の記載内容を確認した上で，日付などを追記し，労基署へ提出する。

添付書類

(i)　必須書類（様式第7号裏面［注意］欄第9項参照）

• 死亡労働者等に係る死亡診断書，死体検案書，もしくは検視調書に記載してある死亡原因等の事項についての地方法務局又は支局の証明書（当該証明書が発行されない場合にはこれに代わるべき書類）

　　通常は，死亡診断書を提出すれば足りる。死亡診断書が手許にない場合には，発行した病院（多くの場合被災者が亡くなった病院）へ開示申請を行うことで，写しを入手できる。

　　死亡から5年以上が経っている場合や病院が閉鎖した場合などで死亡診断書が病院から入手不能な場合，市区町村の役所もしくは法務局への開示申請を行うことで写しを入手できる。ただし，役所や法務局にも保管期間が定められているため，一定期間後は破棄されてしまう。もっとも，法令で定めた期間を越えても保管されている場合がままある。破棄の時期は，病院や役所，法務局などによっても異なるようなので，ダメ元でも請求してみるのがよい。

• 戸籍謄本・改製原戸籍・除籍謄本など，請求人および他の受給資格者と被災労働者との身分関係を証明することができる書類

　　例えば，請求人が被災者の配偶者である場合には，通常は，戸籍謄本を提出すれば足りる。一方，請求人が子，父母，孫，祖父母，兄弟姉妹である場合には，

132　第5章　申請書の具体的な書き方および記入例

自身以外に先順位の受給権者（**第3章3(2)②**参照）がいないことを証明する必要のため，改製原戸籍や除籍謄本を提出すべき場合が多い。

(ii)　場合により必要となる書類
- 被災者と請求者が内縁関係（事実婚）にあったことや，同一生計であることを証明する場合

　　通常は，被災者を含む世帯全員の情報が記載された住民票の写しまたは戸籍の附票を提出すれば足りる。

(iii)　任意提出書類
- 被保険者記録照会回答票

　　最寄りの年金事務所にて取得する。提出しておくと，労基署対応がスムーズになる。なお，取得方法については**第4章2(1)**参照。

ポイント

様式第7号（表面）

①労働保険番号

　　最終ばく露事業場へ記入を依頼する。最終ばく露事業場の記入がなかった場合には，９９９９……と記入する。

②死亡労働者等の情報

　　職種欄には，被災者の被災当時の職種を記入する。以下のような職種がアスベスト被災者として多い。

> 大工，左官，鉄骨工（建築鉄工），溶接工，ブロック工，軽天工，タイル工，内装工，塗装工，吹付工，はつり，解体工，配管設備工，ダクト工，空調設備工，空調設備撤去工，電工・電気保安工，保温工，エレベーター設置工，自動ドア工，畳工，ガラス工，サッシ工，建具工，清掃・ハウスクリーニング，現場監督，機械工，防災設備工，築炉工

　　参照：第1回特定石綿被害建設業務労働者等認定審査会　資料4「特定石綿被害建設業務労働者等認定審査会における審査方針」[18]

③発病年月日

　　空欄で構わない。強く記入を求められた場合には，仮に対象疾病を初診した日（対象疾病の症状により，内科・呼吸器科・呼吸器内科などに最初に入通院した日）を発病日として記入すればよい。時刻は空欄で構わない。

18　https://www.mhlw.go.jp/stf/newpage_23725.html

2　特別遺族給付金制度の申請書の書き方および記入例　　133

④死亡年月日

　　亡診断書または戸籍謄本に記載の死亡年月日を記入する。

⑤石綿ばく露作業の従事時期及びその内容

　　「○○年頃～○○年頃にかけて，○○会社の従業員として，○○業務に従事した。その際，○○の作業をすることにより，アスベストにばく露した。」程度の内容で構わない。なお，申請書提出後，労基署から詳しいアスベストばく露状況を記載する「アスベスト労災保険申立書」「石綿ばく露歴質問票」[19]の提出を求められることが通例であり，その際までにより詳しい内容を詰めておけばよい。

事業主証明欄

　• 最終ばく露事業場へ記入を依頼する。証明を拒否された場合には，空欄のままで構わない。

⑥上記以外の事業場における石綿ばく露作業の従事状況

　　特にない場合は空欄で構わない。

⑦請求人

　　請求者の情報を記入する。

　　同一順位の受給権者（第3章3⑵②参照）が複数いる場合は全員分記入する。この場合，労災保険の遺族補償給付と同様に，石綿健康被害救済法施行規則（厚労省関係）9条4項・8条に基づき，請求および受領につき代表者の選任届を提出する必要がある。書式については，「遺族補償給付代表者選任／解任届」[20]のタイトルを変えるなどして流用すればよい。

⑧添付する書類その他の資料名

　　添付する書類名を記入する。石綿健康被害救済制度の支給決定通知書などがあれば，それを添付したほうがよい。

⑨救済給付における特別遺族弔慰金等の認定等の有無

　　当てはまらない場合やわからない場合には，空欄もしくは「申請の予定なし」としておけばよい。石綿健康被害救済制度に基づく特別遺族弔慰金や特別葬祭料をすでに受給している場合など，わかる場合にはその旨記入する。なお，特別遺族弔慰金や特別葬祭料については第3章3参照。

請求者欄

　• 宛先には，最終ばく露事業場を管轄する労基署を記入する。一般的には事業場の

19　巻末参考資料⑥⑦参照。

20　巻末参考資料③参照。

所在地を管轄する労基署でよい。万が一，管轄が違う場合には，労基署内で移送してもらえるので，まずはいずれかの労基署へ提出することが肝要である。

- 日付は，最終ばく露事業場へ証明を依頼する段階では空欄のままでよい。労基署へ提出する際に記入する。
- 請求者の情報欄は，依頼者の情報を記入する（「○○代理人弁護士△△」などと書くと修正を求められる。）。

銀行口座欄

- 請求者の口座情報を記入する。弁護士等代理人が請求する場合には，代理人の預口口座を記入してもよいが，労基署に提出する委任状に「労災保険金の受領権限」が委任事項として明記されている必要がある。

様式第7号（裏面）

社会保険労務士記載欄

- 当てはまらない場合には，空欄で構わない。

2 特別遺族給付金制度の申請書の書き方および記入例

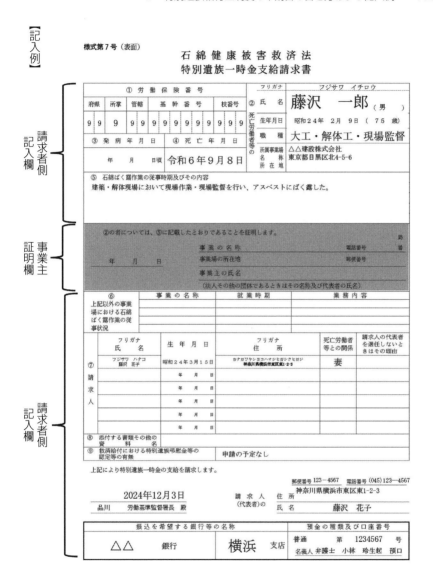

136　第5章　申請書の具体的な書き方および記入例

3　石綿健康被害救済制度の申請書の書き方および記入例

　石綿健康被害救済制度の概要については，第3章4を参照されたい。

(1)　被害者存命・死亡の場合に共通する注意点

　労災保険では，診断書その他の医療記録の取り付け等は，労基署または労働局が主体的に行ってくれるので，少なくとも申請時点で診断書その他の医療記録を取り付ける必要はない。一方，石綿健康被害救済制度では，対象疾病ごとに様式が定められている診断書や医療記録を申請者側で取り付けて，申請時に添付する必要がある。それらの詳細は，対象疾病ごとおよび被害者の状況ごとに作成されている「手引き」[17]を参照するとよいが，【図表5-10】に必要書類の早見表を掲載するので，どの「手引き」を参照すべきかや必要書類の参考にされたい。

17　独立行政法人環境再生保全機構ホームページ「アスベスト（石綿）健康被害の救済」「パンフレット・手引きなどのダウンロード」（https://www.erca.go.jp/asbestos/general/pamp_dl.html）からダウンロードできる。

3 石綿健康被害救済制度の申請書の書き方および記入例

【図表5-2】 石綿健康被害救済制度必要書類等早見表

		中皮腫		肺がん		石綿肺		びまん性胸膜肥厚	
●印は必ず提出する書類 ○印は必要に応じて提出する書類		存命	死亡	存命	死亡	存命	死亡	存命	死亡
申請書類	認定申請書（手続様式第1号）	●		●		●		●	
	療養手当請求書（手続様式第12号）	●		●		●		●	
	特別遺族弔慰金等請求書（手続様式第16の3号）		●		●		●		●
	戸籍 and/or 住民票	●	●	●	●	●	●	●	●
	死亡診断書または死体検案書等		●		●		●		●
	アンケート（現在ご療養中の方用）	○		○					
	アンケート（未申請死亡者用）		○		○				
	石綿のばく露に関する申告書（判定様式第9号）					●	●	●	●
医学的資料	中皮腫診断書（判定様式第1号）	●	●						
	肺がん診断書（判定様式第2号）			●	●				
	石綿肺診断書（判定様式第7号）					●	●		
	びまん性胸膜肥厚診断書（判定様式第8号）							●	●
	胸部X線画像および胸部CT画像	●	●	●	●	●	●	●	●
	病理診断書（病理組織診断報告書,細胞診断報告書）	●	●	○	○				
	呼吸機能検査結果報告書（スパイロメトリー検査結果,動脈血ガス分析結果）					●	●	●	●
	石綿計測結果報告書その他検査結果	○	○	○	○	○	○	○	○
参照すべき手引き		①	⑥	①	⑥	⑦	⑨	⑦	⑨

138 第5章 申請書の具体的な書き方および記入例

※上記参照すべき手引きの正式名称
　手引き①＝石綿健康被害救済制度認定申請の手引き《中皮腫または石綿による肺が
　　　　　んでご療養中の方》
　手引き⑥＝石綿健康被害救済制度特別遺族弔慰金・特別葬祭料請求の手引き《中皮
　　　　　腫または石綿による肺がんにより，平成18年3月27日以降に認定の申請
　　　　　を行わずにお亡くなりになった方（未申請死亡者）のご遺族》
　手引き⑦＝石綿健康被害救済制度認定申請の手引き《著しい呼吸機能障害を伴う石
　　　　　綿肺または著しい呼吸機能障害を伴うびまん性胸膜肥厚でご療養中の
　　　　　方》
　手引き⑨＝石綿健康被害救済制度特別遺族弔慰金・特別葬祭料請求の手引き《著し
　　　　　い呼吸機能障害を伴う石綿肺またはびまん性胸膜肥厚により，平成22年
　　　　　7月1日以降にお亡くなりになった方（未申請死亡者）のご遺族》
※本早見表は，「中皮腫または肺がんで死亡日が平成18年3月27日以降（法施行後）」
の場合と，「著しい呼吸機能障害を伴う石綿肺又は著しい呼吸機能障害を伴うびま
ん性胸膜肥厚で死亡日が平成22年7月1日（改正政令施行後）以降」の場合に対応
している。
　死亡日が法施行前もしくは改正政令施行前の場合は，手引き⑤（中皮腫・肺が
ん）または手引き⑧（石綿肺・びまん性胸膜肥厚）を参照されたい。

⑵　被害者存命（療養中）の場合に準備すべき申請書の書き方および記
　入例

①　中皮腫・肺がん・石綿肺・びまん性胸膜肥厚に共通の様式
　被害者が対象疾病で療養中の場合には，医療費の支給を手続様式第1号，療
養手当の支給を受けるべく手続様式第12号を作成する。

　石綿健康被害救済制度請求書「石綿による健康被害の救済に関する法律　認
定申請書」（手続様式第1号），「石綿による健康被害の救済に関する法律　療
養手当請求書」（手続様式第12号）の書き方

提出の流れ
⑴　被害者が治療中の場合，対象疾病がどれであっても，手続様式第1号「認定申請

書」，手続様式第12号「療養手当請求書」を提出する必要がある。まずは，記載例のように請求書へ記入する。不明点があれば，依頼者へ聞き取りを行う。

(ii) 依頼者へ，手続様式第1号および第12号への署名を取り付ける。手続様式第1号⑦〜⑨のチェックも併せて依頼するとよい。

(iii) 独立行政法人環境再生保全機構（以下「ERCA」という）のホームページや，手引き①＝「石綿（アスベスト）健康被害救済制度認定申請の手引き《中皮腫または石綿による肺がんでご療養中の方》」，手引き⑦＝「石綿（アスベスト）健康被害救済制度認定申請の手引き《著しい呼吸機能障害を伴う石綿肺または著しい呼吸機能障害を伴うびまん性胸膜肥厚でご療養中の方》」を見ながら，必要書類を収集する。

(iv) 請求書に日付などを追記し，ERCA へ提出する。なお，申請時は送付物が多いため，「手引き」の2ページ「ご提出いただく書類」のページをコピーし，送付物のチェックリストや送付書として使うとよい。

添付書類
- 各手引き参照。
- 弁護士等代理人が請求する場合には，依頼者から弁護士への委任状を添付する。

ポイント
手続様式第1号「認定申請書」

①申請者氏名，②申請者の生年月日，③申請者の住所

　　被害者が治療中（存命）であるから，被害者（依頼者）の情報を記入する。

④認定申請に係る疾病名

　　いずれかに○を付ける。

⑤申請の際，日本国内に住所を有しない者にあっては，日本国内に住所を有していた期間

　　当てはまらない場合は，空欄で構わない。

⑥他の法令による石綿健康被害に関する給付

　　申請済みの場合には，その旨記載する。現時点で申請の予定がない場合には「5，請求予定なし」に○を付けておけばよい。「その他の給付の種類」については，当てはまらない場合は，空欄で構わない。

⑦労働者災害補償保険の対象可能性がある場合の厚生労働省への申請情報の提供，⑧申請情報の活用，⑨がん登録等の活用

当てはまるものにチェックを入れる。特段の意見がない場合には,「希望します。」または「同意します。」を選択しておけばよい。弁護士等代理人が請求する場合には,申請者（依頼者）自身にチェックを入れてもらうとよい。

⑩石綿健康被害に係る訴訟又は示談の有無

当てはまる場合には,該当の項目へ○を付ける。当てはまらない場合には「無」に○を付けておけばよい。

日付・申請者氏名欄

- 記入日と申請者氏名を記入する。弁護士等代理人が申請する場合には,申請者（依頼者）の自署を得るとよい。

申請者以外の連絡先欄

- 事務所の住所,事務所名,電話番号,弁護士名を記入する。「申請者との続柄」は,「申請者代理人」と記入しておけばよい。

手続様式第12号「療養手当請求書」

①手帳番号

空欄のまま提出する。

②請求者氏名,③請求者の生年月日,④請求者の住所

被害者が治療中（存命）であるから,被害者（依頼者）の情報を記入する。

⑤認定申請に係る疾病名

いずれかに○を付ける。

日付・請求者氏名欄

- 記入日と請求者氏名を記入する。弁護士等代理人が請求する場合には,請求者（依頼者）の自署を得るとよい。

振込先口座欄

- 手引きのとおり依頼者の本人口座を記載しても構わないが,給付の確認のため,代理人の預口口座を記載するとよい。その場合,ERCA に提出する委任状に「石綿健康被害救済給付金の受領権限」が委任事項として明記されている必要がある。

3 石綿健康被害救済制度の申請書の書き方および記入例

【記入例】

手続様式第1号(施行規則第1条関係)
石綿による健康被害の救済に関する法律
認定申請書

申請書番号					
フリガナ ①申請者氏名	フジサワ イチロウ 藤沢 一郎	⑨・女	②申請者の 生年月日	昭和	24年 2月 9日
フリガナ ③申請者の 住所	カナガワケン ヨコハマシ ヒガシク ヒガシ 〒123-4567 神奈川県横浜市東区東 1-2-3 TEL (045) 123 - 4567				
④認定申請に 係る疾病名	① 中皮腫 2. 肺がん 3. 著しい呼吸機能障害を伴う石綿肺 4. 著しい呼吸機能障害を伴うびまん性胸膜肥厚				
⑤申請の際、日本国内に住所を有しない者にあっては、日本国内に住所を有していた期間	年 月 ~ 年 月 年 月 ~ 年 月 年 月 ~ 年 月				
⑥他の法令による石綿健康被害に関する給付	労働者災害補償保険に関する請求等状況	① 請求予定 2. 請求中 3. 不認定 4. 受給中 請求先 ( ) 労働基準監督署 請求時期 年号選択 年 月頃 5. 請求予定なし			
	建設アスベスト給付金に関する請求等状況	1. 請求予定 2. 請求中 3. 不認定 4. 認定 請求時期 年号選択 年 月頃 ⑤ 請求予定なし			
	その他給付の種類 (労働者災害補償保険以外に申請中の場合)	1. 元国鉄・石綿補償制度 2. 船員保険 3. 公務員災害補償制度 4. その他 ( )			
⑦労働者災害補償保険の対象可能性がある場合の厚生労働省への申請情報の提供	労働者災害補償保険の対象となる可能性がある場合に住所、氏名、連絡先等の申請情報を厚生労働省に提供することについて希望されますか。	☑ 希望します。 □ 希望しません。			
⑧申請情報の活用	今後の石綿関連疾患の診断・治療法の向上等のために、申請時に提出された情報を匿名化した上で調査・研究に活用することについて同意されますか。	☑ 同意します。 □ 同意しません。			
⑨がん登録等の活用	今後の石綿関連疾患の診断・治療法の向上等のために、がん登録等のデータベースに登録されている情報を調査・研究に活用することについて同意されますか。	☑ 同意します。 □ 同意しません。			
⑩石綿健康被害に係る訴訟又は示談の有無	㊗・有 (1.係争中 2.和解 3.判決確定 4.示談)				

上記のとおり、石綿による健康被害の救済に関する法律第4条第2項の規定により、日本国内において石綿を吸入することにより指定疾病にかかった旨の認定を受けたく、必要書類を添えて申請します。

令和 6年 12月 6日   申請者氏名   藤沢 一郎

独立行政法人環境再生保全機構 理事長 殿

※「③申請者の住所」欄に記入した以外の連絡先があれば記入してください。
〒251-0052 神奈川県藤沢市藤沢 109-5 湘南NDビルディング7階
弁護士法人シーライト   TEL 0466-53-9340
氏名 弁護士 小林 玲生起 ㊞   (申請者との続柄 申請代理人)

(注)太枠内を記入してください。

第5章 申請書の具体的な書き方および記入例

手続様式第12号（施行規則第13条関係）

石綿による健康被害の救済に関する法律

療養手当請求書

申請書番号			①手帳番号	
②請求者氏名	フリガナ	フジサワ イチロウ	男・女	③請求者の生年月日 昭和 24年 2月 9日
		藤沢 一郎		
④請求者の住所	フリガナ	カナガワケン ヨコハマシ ヒガシク ヒガシ		
	〒123-4567 神奈川県横浜市東区東 1-2-3　　TEL (045) 123 - 4567			
⑤認定申請に係る疾病名	①中皮腫　　　　　　　　　　　　　2. 肺がん			
	3. 著しい呼吸機能障害を伴う石綿肺　　4. 著しい呼吸機能障害を伴うびまん性胸膜肥厚			

上記のとおり、石綿による健康被害の救済に関する法律第16条第1項の規定による療養手当の支給を受けたく、請求します。

令和 6年 12月 6日　　　　請求者氏名　　　藤沢 一郎

独立行政法人環境再生保全機構 理事長 殿

振込みを希望する金融機関（銀行等又はゆうちょ銀行のいずれかに記入してください。）

	銀行等							ゆうちょ銀行				
振込先金融機関名	△△　　銀行　　横浜　　支店						通帳記号	1			0	の
口座番号	☒普通　口座番　　　　　　　　　　　　□当座	1	2	3	4	5	7	通帳番号				
フリガナ	ベンゴシ コバヤシレオキ アズカリグチ							フリガナ				
口座名義	弁護士 小林 玲生起 預口							口座名義				

（注）太枠内を記入してください。

（注）預貯金口座の口座名義については、請求者本人の名義の口座に限り振込が可能となります。
（注）貯蓄預金は取り扱っていません。

【注意事項】
　認定の申請をした後、認定前に療養手当の請求を行う場合には、①は空欄としてください。
　既に認定を受けている方は、②〜⑤について、請求者の氏名や認定申請に係る疾病名等に代えて、被認定者の氏名や認定疾病名等を記入してください。

3 石綿健康被害救済制度の申請書の書き方および記入例 **143**

② **石綿肺またはびまん性胸膜肥厚である場合に提出する様式**

石綿肺またはびまん性胸膜肥厚は，大量の石綿ばく露によって発症することが医学的知見であることから，被害者の職歴等から大量の石綿ばく露があったか否かを確認する必要があるとされている（石綿健康基準第3項(3)・第4項(3)）。

そこで，石綿健康被害救済制度では，大量の石綿ばく露歴の有無の判定資料として「石綿のばく露に関する申告書」（判定様式第9号）が必須資料となっているので，これを作成する。

石綿健康被害救済制度請求書「石綿による健康被害の救済に関する法律　認定申請用／未申請死亡者に係る特別遺族弔慰金・特別葬祭料請求書用　石綿のばく露に関する申告書」（判定様式第9号）の書き方

> **提出の流れ**

(i) 申請する疾病が石綿肺もしくはびまん性胸膜肥厚の場合，判定様式第9号「石綿のばく露に関する申告書」を提出する必要がある。まずは，記入例のように申告書へ記入し，不明点があれば，依頼者へ聞き取りを行う。

(ii) 依頼者へ本書への署名を取り付ける。

(iii) 独立行政法人　環境再生保全機構（以下「ERCA」という）のホームページや，手引き⑦＝石綿健康被害救済制度認定申請の手引き《著しい呼吸機能障害を伴う石綿肺または著しい呼吸機能障害を伴うびまん性胸膜肥厚でご療養中の方》，手引き⑨＝「石綿（アスベスト）健康被害救済制度特別遺族弔慰金・特別葬祭料請求の手引き《著しい呼吸機能障害を伴う石綿肺またはびまん性胸膜肥厚により，平成22年7月1日以降にお亡くなりになった方（未申請死亡者）のご遺族》」を見ながら，必要書類を収集する。

(iv) 申告書に日付などを追記し，ERCAへ提出する。なお，申請時は送付物が多いため，「手引き」の3ページ「ご提出いただく書類」をコピーし，送付物のチェックリストや送付書として使うとよい。

> **ポイント**

患者の情報欄

- 被害者の情報を記載する。

職歴欄

- 年金の「被保険者記録照会回答票」（第4章2⑴①参照）などを参考に，わかる範囲で記入していく。
- 「事業場の事業内容」欄は，依頼者のわかる範囲で記載してもよいが，被害者が亡くなっていて詳細がわからない場合には，法務局で商業登記簿謄本または閉鎖登記簿謄本を取得し添付するとよい。
- 書き切れない場合には，追加記入用紙に記入する。

居住歴欄

- 依頼者のわかる範囲で記入していく。詳細不明の場合には，戸籍の附票や住民票などを参考にするとよい。
- 書き切れない場合には，追加記入用紙に記入する。

その他のばく露歴欄

- 該当する項目があればチェックを付ける。
- 「その他」に該当する例は以下のとおり。
  - ・震災復興作業や震災ボランティアをしたことがある（震災名：○○）。
  - ・被災した自宅で石綿建材の片付けをしたことがある（震災名：○○）。
  - ・石綿取扱施設（石綿工場・造船所・建材物置場・自動車修理工場など）の近くで遊んだことがある。
  - ・家庭で，絶縁物・暖房炉セメント・断熱材・石綿含有塗料店石綿製品の修理や修繕をしたことがある。
  - ・家庭で，アイロン板のカバー・耐熱手袋などの石綿製品を使ったことがある。
  - ・石綿の付着した作業着やマスクの洗濯をしたことがある（石綿作業者との関係：○○）。

記入者欄

依頼者の情報を記入すればよい。弁護士等代理人が請求する場合には，氏名欄に依頼者の自署を得るとよい。

3　石綿健康被害救済制度の申請書の書き方および記入例　　145

【記入例】

判定様式第9号

石綿による健康被害の救済に関する法律
認定申請用／未申請死亡者に係る特別遺族弔慰金・特別葬祭料請求用

石綿のばく露に関する申告書

| 患者氏名 | 藤沢　一郎 | 男・女 | 生年月日 | 明治　大正 昭和　平成 令和 | 24年　2月　9日 （　75　才） |

| 申請疾病または請求疾病 | ☑ | 著しい呼吸機能障害を伴う石綿肺 | □ | 著しい呼吸機能障害を伴うびまん性胸膜肥厚 |

【職歴】 現在までの職歴を記入してください。（1／_1_枚目）

※石綿のばく露の有無に関わらず、これまで従事してきた作業を、アルバイト等短期間の仕事も含めて記入してください（欄は従事した期間が古い仕事の順に使用し、足りない場合は、追加記入用紙を使用してください。）。

従事した期間	昭和　平成 令和　44年　9月 ～ 昭和　平成 令和　48年3月	作業内容 *(注)	番号 18	（具体的に）木材の運搬
会社名 事業場の所在地	□□工務店 東京都豊島区東大塚1-2-3	事業場の事業内容	履歴事項全部証明のとおり	事業場での石綿取扱い　□有 ☑無 □不明

従事した期間	昭和　平成 令和　48年　4月 ～ 昭和　平成 令和　21年2月	作業内容 *(注)	番号 4、7	（具体的に）建築・解体現場において現場作業（大工・解体工）・現場監督を行い、アスベストにばく露した。
会社名 事業場の所在地	△△建設株式会社 東京都目黒区北4-5-6	事業場の事業内容	履歴事項全部証明のとおり	事業場での石綿取扱い　☑有 □無 □不明

従事した期間	昭和　平成 令和　　　年　　月 ～ 昭和　平成 令和　　　年　　月	作業内容 *(注)	番号	（具体的に）
会社名 事業場の所在地		事業場の事業内容		事業場での石綿取扱い　□有 □無 □不明

*(注)　どのような作業に従事していたか、番号を選んだ上で仕事の内容を記入してください。

(1)石綿製品製造業	(7)建築・建設関連作業	(13)セメント製品製造に関わる作業
(2)石綿（石綿含有岩綿等）吹きつけ作業	(8)石綿のある倉庫内の作業	(14)レンガ、陶磁器製造に関わる作業
(3)配管・断熱・保温・ボイラー関連作業	(9)港湾での作業	(15)化学工場内の作業
(4)解体作業	(10)鉄鋼所及び鉄製品製造作業	(16)清掃工場・廃棄物回収の作業
(5)石綿原綿・石綿製品運搬業	(11)自動車製造業・自動車整備工	(17)車両（電車等）製造維持補修作業
(6)造船所内の作業	(12)ガラス製品製造に関わる作業	(18)その他の作業

146　第5章　申請書の具体的な書き方および記入例

判定様式第9号

【その他の情報】

① 現在までの居住歴を記入してください。（1／_1_枚目）

居　住　期　間	住　　　　　所	居住地付近の状況
明治 大正 昭和 平成 令和　24年2月 ～　明治 大正 昭和 平成 令和　44年9月	神奈川県横浜市東区東 1-2-3	
明治 大正 昭和 平成 令和　44年9月 ～　明治 大正 昭和 平成 令和　48年3月	東京都豊島区東大塚 1-2-3	□□工務店の2階が下宿となっており、住み込みで働いていた。
明治 大正 昭和 平成 令和　48年3月 ～　明治 大正 昭和 平成 令和　55年9月	東京都大田区北蒲田 6-5-4 コーポ△△　102号室	近所に自動車修理工場があった。
明治 大正 昭和 平成 令和　55年9月 ～　明治 大正 昭和 平成 令和　　年　月	神奈川県横浜市東区東 1-2-3	
明治 大正 昭和 平成 令和　　年　月 ～　明治 大正 昭和 平成 令和　　年　月		

②その他の石綿のばく露の機会について、心当たりがあれば記入してください。

※該当する□にレ点を付し具体的な状況を記入してください。

□家族が石綿を扱う仕事をしており、作業着・マスクや道具を自宅に持ち帰っていた。

□石綿に関する作業が、自宅で行われた。

□自宅や職場の天井や壁に石綿が吹き付けられていた。

□職場以外の石綿取扱施設に出入りをしていた。

□その他（　　　　　　　　　　　　　　　　　　　）

(具体的な状況)

上記のとおり、申告します。

令和　6年　12月　6日

記入者連絡先　神奈川県横浜市東区東 1-2-3

（電話番号）　（045）　123-4567

本人との関係　妻

記入者氏名　藤沢　花子

※本様式に記載の内容は、個人を特定できないように統計的処理を施した上で、環境省及び環境再生保全機構が実施する「被認定者に関する医学的所見等の解析及びばく露状況調査」等の調査事業に使用することがあります。

3 石綿健康被害救済制度の申請書の書き方および記入例　　147

(3)　被害者死亡の場合に準備すべき申請書の書き方および記入例

①　中皮腫・肺がん・石綿肺・びまん性胸膜肥厚に共通の様式

　被害者が対象疾病により死亡した場合には，特別遺族弔慰金および特別葬祭料を受けるべく手続様式第16の３号を作成する。

　なお，同様式は，被害者が存命中（療養中）に石綿健康被害救済制度を申請もせずに死亡した場合（未申請死亡者）に用いるものである。申請中や認定後に死亡した被害者遺族が葬祭料や救済給付調整金を請求する場合には，手引き④＝石綿（アスベスト）健康被害救済制度給付の手引き《認定後にお亡くなりになった方／認定申請中にお亡くなりになった方のご遺族等へ》を参照して，専用の様式を用いるとよい。

石綿健康被害救済制度請求書「石綿による健康被害の救済に関する法律　特別遺族弔慰金・特別葬祭料請求書（未申請死亡者用）」（手続様式第16号の３）の書き方

提出の流れ

(i)　被害者が故人の場合，手続様式第16号の３「特別遺族弔慰金・特別葬祭料請求書（未申請死亡者用）」を提出する必要がある。まずは請求書へ記入し，不明点があれば，依頼者へ聞き取りを行う。

(ii)　依頼者へ本書への署名を取り付ける。本書⑭～⑯のチェックも併せて依頼するとよい。

(iii)　独立行政法人環境再生保全機構（以下「ERCA」という）のホームページや，手引き⑥＝「石綿（アスベスト）健康被害救済制度特別遺族弔慰金・特別葬祭料請求の手引き《中皮腫または石綿による肺がんにより，平成18年３月27日以降に認定の申請を行わずにお亡くなりになった方（未申請死亡者）のご遺族》」，手引き⑨＝「石綿（アスベスト）健康被害救済制度特別遺族弔慰金・特別葬祭料請求の手引き《著しい呼吸機能障害を伴う石綿肺またはびまん性胸膜肥厚により，平成22年７月１日以降にお亡くなりになった方（未申請死亡者）のご遺族》」を見ながら，必要書類を収集する。

(iv)　請求書に日付などを追記し，ERCAへ提出する。なお，申請時は送付物が多い

148　第5章　申請書の具体的な書き方および記入例

ため，「手引き」の3ページ「ご提出いただく書類」をコピーし，送付物のチェックリストや送付書として使うとよい。

添付書類
- 各手引き参照。
- 弁護士等代理人が請求する場合には，依頼者から弁護士への委任状を添付する。

ポイント

手続様式第16号の3（表面）

①請求者氏名，②請求者の生年月日，③請求者の住所，④請求者の未申請死亡者との身分関係

　　請求権者（依頼者）の情報を記入する。

⑤未申請死亡者の死亡時に同一生計であった者

　　被害者の死亡時に，同一生計だった方全員の情報を記入する。

未申請死亡者の情報欄（⑥～⑫）
- 被害者の情報を記入する。

手続様式第16号の3（裏面）

⑬他の法令による石綿健康被害に関する給付

　　申請済みの場合には，その旨記入する。現時点で申請の予定がない場合には「5，請求予定なし」に○を付けておけばよい。「その他の給付の種類」については，当てはまらない場合は，空欄で構わない。

⑭労働者災害補償保険の対象可能性がある場合の厚生労働省への請求情報の提供，⑮請求情報の活用，⑯がん登録等の活用

　　当てはまるものにチェックを入れる。特段の意見がない場合には，「希望します。」または「同意します。」を選択しておけばよい。弁護士等代理人が請求する場合には，請求者（依頼者）自身にチェックを入れてもらうとよい。

⑰石綿健康被害に係る訴訟又は示談の有無

　　当てはまる場合には，該当の項目へ○を付ける。当てはまらない場合には「無」に○を付けておけばよい。

日付・請求者氏名欄
- 記入日と請求者氏名を記入する。弁護士等代理人が請求する場合には，請求者（依頼者）の自署を得るとよい。

振込先口座欄

- 手引きのとおり依頼者の本人口座を記入しても構わないが，給付の確認のため，代理人の預口口座を記入するとよい。その場合，ERCA に提出する委任状に「石綿健康被害救済給付金の受領権限」が委任事項として明記されている必要がある。

請求者以外の連絡先欄

- 事務所の住所，事務所名，電話番号，弁護士名を記入する。「請求者との続柄」は，「請求者代理人」と記入しておけばよい。

第5章 申請書の具体的な書き方および記入例

【記入例】

3　石綿健康被害救済制度の申請書の書き方および記入例　151

→表面からの続き

⑬他の法令による石綿健康被害に関する給付	労働者災害補償保険に関する請求等状況	①. 請求予定　　2. 請求中　　3. 不認定　　4. 受給中 　　請求先　（　　　　　　　　）労働基準監督署 　　請求時期　　　　　年　　　月頃 5. 請求予定なし
	建設アスベスト給付金に関する請求等状況	1. 請求予定　　2. 請求中　　3. 不認定　　4. 認定 　　請求時期　　　　　年　　　月頃 ⑤. 請求予定なし
	その他給付の種類 （労働者災害補償保険以外に申請中/受給中の場合）	1. 元国鉄・石綿補償制度　　2. 船員保険 3. 公務員災害補償制度　　4. その他（　　　　　）
⑭労働者災害補償保険の対象可能性がある場合の厚生労働省への請求情報の提供	労働者災害補償保険の対象となる可能性がある場合に住所、氏名、連絡先等の請求情報を厚生労働省に提供することについて希望されますか。	☑ 希望します。 ☐ 希望しません。
⑮請求情報の活用	今後の石綿関連疾患の診断・治療法の向上等のために、請求時に提出された情報を匿名化した上で調査・研究に活用することについて同意されますか。	☑ 同意します。 ☐ 同意しません。
⑯がん登録等の活用	今後の石綿関連疾患の診断・治療法の向上等のために、がん登録等のデータベースに登録されている情報を調査・研究に活用することについて同意されますか。	☑ 同意します。 ☐ 同意しません。
⑰石綿健康被害に係る訴訟又は示談の有無		㊚・有（1. 係争中　2. 和解　3. 判決確定　4. 示談）

上記のとおり、石綿による健康被害の救済に関する法律第22条第1項の規定による特別遺族弔慰金・特別葬祭料の支給を受けたく、必要書類を添えて請求します。

令和 6年　12月 6日　　　　請求者氏名　　　　　　　　　藤沢 花子

独立行政法人環境再生保全機構 理事長 殿

振込みを希望する金融機関（銀行等又はゆうちょ銀行のいずれかに記入してください。）

振込先金融機関名	銀行等									ゆうちょ銀行					
振込先金融機関名	△△　　銀行　　横浜　　支店									通帳記号	1			0	の
口座番号	普通 当座	口座番号	1	2	3	4	5	6	7	通帳番号					
フリガナ	ベンゴシ コバヤシレオキ アズカリグチ									フリガナ					
口座名義	弁護士 小林 玲生起 預口									口座名義					

(注) 預貯金口座の口座名義については、請求者本人の名義の口座に限り振込が可能となります。
(注) 貯蓄預金は取り扱っていません。

※「③請求者の住所」欄に記入した以外の連絡先があれば記入してください。
　〒251-0052　神奈川県藤沢市藤沢　109-5　湘南ＮＤビルディング７階
　　弁護士法人シーライト　　　　　　　　　　TEL　0466-53-9340
　　氏名　弁護士 小林 玲生起　㊞　　　（請求者との続柄　請求代理人　）

(注)太枠内を記入してください。

② 石綿肺またはびまん性胸膜肥厚である場合に提出する様式

上記(2)②と同様，判定様式第 9 号の提出が必要である。

4 建設アスベスト被害給付金制度の 申請書の書き方および記入例

建設アスベスト被害給付金制度の概要については，第3章5を参照されたい。

⑴ 被害者存命・死亡の場合に共通する注意点～労災保険または特別遺族給付金受給を優先せよ～

第4章1で詳述したところの繰り返しにはなるが，被害者が建設業だからといって，建設アスベスト給付金制度に飛びついてはならない。偽装下請である場合など労働者性の立証に少しでも可能性を見出すことができるのであれば，まずは，労災保険または特別遺族給付金の申請を優先させるべきである。労災保険または特別遺族給付金の申請と石綿健康被害救済制度の申請を並行して行っても構わない。

理由としては，建設アスベスト給付金制度との関連では，労災支給決定等情報提供サービス利用の可否に関わるからである。建設業のアスベスト被害について労災認定または特別遺族給付金認定がなされていると，請求により，石綿ばく露従事歴など「労災支給決定等情報提供サービス」という建設アスベスト被害給付金の要件充足を証明する情報の提供を受けることができる。

【図表5－3】に労災支給決定等情報通知のサンプルを示すので，参考にされたい。

154 第5章 申請書の具体的な書き方および記入例

【図表5－3】 労災支給決定等情報通知のサンプル

以下のとおり情報提供します。

令和○年○月○日

労災支給決定等情報

1 被災者の情報

氏名	生年月日	（亡くなっている場合）死亡年月日
労働 太郎	昭和○年○月○日	平成○年○月○日

2 労災保険等の決定状況（最後の請求に係る内容）

請求種別	決定状況	決定年月日	決定した労働基準監督署長
遺族	支給	平成○年○月○日	東京中央労働基準監督署長

罹患した疾病名	疾病の診断日	じん肺管理区分決定日
悪性胸膜中皮腫	平成○年○月○日	平成○年○月○日

3 喫煙の習慣に関する情報

喫煙の習慣の有無	1日の喫煙本数（平均）	喫煙期間
有	不明	昭和○年～平成○年

4 労災請求時の請求者の情報

氏名	被災者との続柄	生年月日
労働 花子	配偶者	昭和○年○月○日

5 就労歴及び石綿ばく露作業従事期間等に関する情報

事業場名	所在地	雇用等の形態
（株）○○建設	東京都千代田区～	労働者

事業概要	職種	作業の種類
内装業	内装工	建築物，石綿製品が被覆材又は建材として用いられている工作物の補修又は解体，破砕等

在籍期間	
昭和45年10月～昭和63年9月	18年

石綿ばく露作業従事期間	
昭和45年10月～昭和63年9月	18年

従事期間数（昭和47年10月1日～昭和50年9月30日の範囲の年月数）＊当該年月数は「吹付作業への該当」に該当した場合，給付金等の支給対象となる年月数となります。	吹付作業への該当・非該当（※）
3年	非該当

従事期間数（昭和50年10月1日～平成16年9月30日の範囲の年月数）＊当該年月数は「屋内作業への該当」に該当した場合，給付金等の支給対象となる年月数となります。	屋内作業への該当・非該当（※）
13年	該当

作業の状況
建物内の電気配線工事で，石綿を含有する建材の裁断作業を行っていた。

（※）吹付作業，屋内作業に該当するかの判断は，被災者の職歴，労災等決定の調査資料から厚生労働省が行ったものであり，最終的には，特定石綿被害建設業務労働者等認定審査会の判断によることとなります。

〈出所〉 厚生労働省「『建設アスベスト給付金を受けようとする皆様へ 労災支給決定等情報提供サービスをご活用ください』」（2023年7月）7頁

4　建設アスベスト被害給付金制度の申請書の書き方および記入例　　155

　上記の労災支給決定等情報通知が発行されている場合,「5　就労歴及び石綿ばく露作業従事期間等に関する情報」の部分が建設アスベスト被害救済法2条1項1号または2号の要件を満たす記載になっているのであれば,下記(2)の通常請求ではなく,下記(3)の労災支給決定等情報提供サービスを利用した請求が利用できる。

　下記(3)の請求は,下記(2)の通常請求に比べて,いわば「建設アスベスト給付金への特急ルート」であり,上記労災支給決定等情報通知は「特急券」である。労災保険または特別遺族給付金の受給額の手厚さにも加えて,このような「特急ルート」を使わない手はない。

　以上のように,建設アスベスト給付金制度が利用できると思われる被害者であっても,まずは労災保険または特別遺族給付金の認定の有無を確認し,

---

○認定済みなのであれば,労災支給決定等情報提供サービスを利用した請求ルート（下記(3)）へ
○認定未了なのであれば,労災保険又は特別遺族給付金の認定による労災支給決定等情報提供サービスを利用した請求ルート（下記(3)）獲得を模索

すべきである。

(2)　労災支給決定等情報提供サービスを利用できない場合の請求（通常請求）

　以上のように,労災支給決定等情報提供サービスを利用した請求ルート（下記(3)）獲得が重要ではあるが,まずは,原則的請求ルートを押さえておくことが建設アスベスト給付金制度の全体像把握のために必要であるので,以下で解説する。

　建設アスベスト給付金制度は,手引きがかなり充実しているので,厚生労働省ホームページ「建設アスベスト給付金制度について」「給付金等の請求手続

について」(https://www.mhlw.go.jp/stf/seisakunitsuite/bunya/koyou_roudou/roudoukijun/kensetsu_kyufukin.html）にある手引きをよく参照するとよい。

建設アスベスト給付金「特定石綿被害建設業務労働者等に対する給付金等請求書①（通常請求用）」の書き方

提出の流れ

(i) 請求書へ記入する。不明点があれば，依頼者へ聞き取りを行う。

(ii) 「建設アスベスト給付金請求の手引き②《労災支給決定等情報提供サービスをご利用でない方へ》」「請求書添付書類等一覧表（通－様式２－１～３）」を見ながら，必要書類を収集する。具体的には以下のとおり。

・依頼者へ，必要資料を取付ける。

・医療機関へ，医療記録の開示及び，「田－様式１～５」（請求区分に応じた診断（意見）書）の作成を依頼する。

・ばく露事業場の事業主もしくは（元）同僚等へ，「通－様式３別紙」の取付けを行う。

・（必要に応じて）法務局へ商業登記簿謄本又は閉鎖登記簿謄本の取付けを行う。
　なお，取得に時間がかかる書類がある場合には，今ある書類だけでひとまず申請し，後日追完することもできる。その場合は，「通－様式２－３」〈厚生労働省への伝達事項〉へ，追完する旨を記入する。

(iii) 自治体へ，住民票の写し等を請求する。なお，住民票の写しや戸籍謄本については発行から３ヵ月以内という条件があるため，申請の目処が立ってから取得する，もしくは申請と同時に取得し追完するのがよい。

(iv) 請求書に日付などを追記し，厚生労働省へ提出する。なお，申請時は送付物が多いため，「請求書添付書類等一覧表（通－様式２－１～３）」を送付物のチェックリストや送付書として使うとよい。

添付書類

・上記手引き②２頁以下参照。

ポイント

請求者氏名欄

4 建設アスベスト被害給付金制度の申請書の書き方および記入例 **157**

- 弁護士等代理人が申請する場合には，「（依頼者名）代理人弁護士（弁護士名）」などと記入する。依頼者名については，被災者が存命の場合には，被災者の氏名を記入すればよい。被災者が故人の場合には，請求権者を記載する。

(i) 請求者の情報欄
- 「請求者氏名」は前項のとおり。
- 「生年月日」「住所又は居所」は代理人弁護士の生年月日や事務所住所，事務所電話番号を記入する。

(ii) 被災者の情報欄
- 「被災者氏名」「生年月日」以外の欄は，当てはまらない場合は空欄で構わない。

(iii) 請求に関する情報欄
- 今回請求する区分を，①〜⑦から選んで記入し，⑤〜⑦の場合は当てはまるものにチェックする。
- 「じん肺管理区分決定」欄は，じん肺管理区分決定を受けていない場合は空欄で構わない。
- 「石綿健康被害救済制度」欄も同様に，当てはまらない場合は空欄で構わない。

(iv) 損害賠償金，和解金，補償金等の受取状況欄
- 国や企業から損害賠償金等を受け取っている場合は記入する。受け取っていない場合は空欄で構わない。

(v) 振込を希望する金融口座欄
- 依頼者の本人口座でも構わないが，給付の確認のため，代理人の預口口座を記入するとよい。その場合，厚労省に提出する委任状に「特定石綿被害建設業務労働者等に対する給付金等の支給に関する法律に基づく給付金の受領権限」が委任事項として明記されている必要がある。

(vi) 個人情報の取扱い欄
- 「同意する」を選択しておけばよい。

158　第5章　申請書の具体的な書き方および記入例

【記入例】

（受付番号：　　　　　　）※記載不要

（通）-様式1-1）

特定石綿被害建設業務労働者等に対する給付金等請求書①（通常請求用）

厚生労働大臣　殿

　　下記のとおり、特定石綿被害建設業務労働者等に対する給付金等の支給に関する法律による給付金の支給を請求します。

令和6年12月　3日　　　　　　　　　請求者氏名　藤沢　一郎　代理人弁護士　小林　玲生起

1．請求者の情報

フリガナ	フジサワイチロウ ダイリニンベンゴシ コバヤシレオキ	生年月日	
請求者氏名	藤沢　一郎　代理人弁護士　小林　玲生起	（　　　昭和　　　　　）　63年　7月　2日生	
フリガナ	カナガワケンフジサワシフジサワ109-5　ショウナンNDビルディング7カイ		
請求者住所又は居所	〒251-0052　神奈川県藤沢市藤沢　109-5　湘南NDビルディング7階　電話番号 0466-53-9340		

※万一、請求者の方が本給付金等の支給の権利の認定・不認定の通知がなされるまでに死亡した場合には、本請求書による請求は無効となります。なお、当該場合には、特定石綿被害建設業務労働者等に対する給付金等の支給に関する法律第3条第2項及び第3項に基づき遺族の方（本請求の請求者を除く。）が御自身の名前で改めて請求を行っていただくことになります。

2．被災者の情報

フリガナ	フジサワ　イチロウ	生年月日		
被災者氏名	藤沢　一郎	（　　　昭和　　　　　）　24年2月9日生		
被災者がお亡くなりになっている場合		請求者の被災者との続柄	請求者より先順位の遺族の有無	
			□ 無　□ 有（遺族氏名：　　　　　　　）	
労働者災害補償保険法による保険給付の支給決定状況　※石綿による健康被害の救済に関する法律による特別遺族給付金の支給決定状況を含む		□支給決定あり　□不支給決定あり　□請求予定又は請求中　☑請求予定なし		
（支給決定ありまたは不支給決定ありの場合）				
決定年月日（支給・不支給）	年　　月　　日	決定した労働基準監督署長	＿＿＿＿＿＿労働基準監督署長	
石綿による健康被害の救済に関する法律による救済給付の支給決定状況		□支給決定あり　□不支給決定あり　□請求予定又は請求中　☑請求予定なし		
（支給決定ありまたは不支給決定ありの場合）				
決定年月日（支給・不支給）	年　　月　　日	認定を受けた疾病	□中皮腫　□肺がん　□著しい呼吸機能障害を伴うびまん性胸膜肥厚　□著しい呼吸機能障害を伴う石綿肺	

（次のページにお進み下さい）

1

4 建設アスベスト被害給付金制度の申請書の書き方および記入例 159

3．請求に関する情報

（通）−様式1−2）

請求する区分 【 ⑤ 　　　】	※以下の①〜⑦から該当するものを記載

①石綿肺管理2（相当を含む）でじん肺法所定の合併症なし
②石綿肺管理2（相当を含む）でじん肺法所定の合併症あり
③石綿肺管理3（相当を含む）でじん肺法所定の合併症なし
④石綿肺管理3（相当を含む）でじん肺法所定の合併症あり
⑤以下のいずれか（該当するものを選択）
　☑中皮腫　　　　□肺がん　　　　□著しい呼吸機能障害を伴うびまん性胸膜肥厚
　□石綿肺管理4（相当を含む）　　□良性石綿胸水
⑥以下のいずれかを原因として死亡（該当するものを選択）
　□石綿肺管理2（相当を含む）でじん肺法所定の合併症なし
　□石綿肺管理3（相当を含む）でじん肺法所定の合併症なし
⑦以下のいずれかを原因として死亡（該当するものを選択）
　□石綿肺管理2（相当を含む）でじん肺法所定の合併症あり
　□石綿肺管理3（相当を含む）でじん肺法所定の合併症あり
　□中皮腫　　　　□肺がん　　　　□著しい呼吸機能障害を伴うびまん性胸膜肥厚
　□石綿肺管理4（相当を含む）　　□良性石綿胸水

（請求する区分が⑥または⑦の場合）		
死亡年月日	（　　　平成　　　） 　　　　　　年　　　月　　　日	備考（請求期限）※記載不要

（請求する区分が①〜⑤の場合）		
請求する疾病にかかったと 医師に診断された日	（　　　令和　　　） 　　　4年　　3月　1日	備考（請求期限）※記載不要

（全ての請求区分）			
じん肺管理区分決定の有無	□有 ☑無	合併症の有無	□有　（疾病名：　　　　　　　　　　） ☑無

じん肺管理区分決定年月日 ※じん肺管理区分決定がない場合には、 請求する区分の管理区分に相当する旨の 医師の診断日	（　　　平成　　　） 　　　　　　年　　　月　　　日	備考（請求期限）※記載不要

（請求する区分が⑤又は⑦で肺がんを選択した場合）	
被災者の喫煙の習慣の有無	□無 ☑有（喫煙1日平均 **10** 本、喫煙期間 **昭和40年頃〜平成5年10月**）

（次のページにお進み下さい）

....
（注意）故意に虚偽の内容を記載する等の不正の手段により給付金の支給を受けた場合には、不正に受給した金額の返還を行う
必要があります。また、詐欺罪として刑罰に処せられることがあります。

2

160   第5章　申請書の具体的な書き方および記入例

4. 損害賠償金、和解金、補償金等の受取状況　　　　　　　　　　（通－様式1－3）

※名称の如何を問わず本請求と同一の原因に基づく損害賠償金や和解金、補償金等の請求や受領を行っている、又は、行ったことがある方は記入して下さい。

国に対する訴訟情報	提訴裁判所名		事件番号		原告番号	
企業等に対する請求情報	請求先の商号、名称又は氏名			請求額		円
	※現時点で請求中又は訴訟係属中の損害賠償金や和解金、補償金等について記載して下さい。					
企業等からの受取情報 ※既に支払を受けた損害賠償金や和解金、補償金について記載して下さい。	支払者の商号、名称又は氏名			受領額		円
	受領した者の氏名			被災者との続柄		
	受領日		年　　　　月　　　　日			
	(受領額の内訳※内訳がある場合記載して下さい。)					
	元本	円	遅延損害金	円	弁護士費用その他	円

5. 振込を希望する金融口座（※請求者本人名義の口座をご指定下さい。）

フリガナ	△	△	キ	゜	ン	コ	ウ							金融機関コード	
金融機関名			△△				銀行 （　　　　　　）							0123	
フリガナ	ヨ	コ	ハ	マ	シ	テ	ン							支店コード	
支店名			横浜			支店								456	
口座番号	1	2	3	4	5	6	7	預金種目	普通						
フリガナ	ヘ	゜	ン	コ	゜	シ	コ	ハ	゜	ヤ	シ	レ	オ	キ	ア	ス	゜	カ	リ
口座名義		弁護士　小林　玲生起　預口																	

※フリガナは、濁点・半濁点も1文字として記載して下さい。

6. 個人情報の取扱い

本請求書に記載された情報、請求者から提出された本請求に関する資料及び行政機関が保有する本請求に関する資料等の情報について、被災者の方が本請求の認定要件に合致するかなどを確認するために、医療機関、被災者の方がお勤めの企業（かつてお勤めであった企業を含みます。）などに、審査・認定に必要な限度で提供する場合があります。

☑上記について同意します。	□上記について同意しません。

※同意いただけない場合には、認定要件に合致することが確認できないなどの影響が出る場合があります。

社会保険 労務士 記載欄	作成年月日・提出代行者・事務代理者の表示	氏　名	電話番号

3

4 建設アスベスト被害給付金制度の申請書の書き方および記入例　161

（通－様式２－１）

請求書添付書類等一覧表
（特定石綿被害建設業務労働者等に対する給付金等　通常請求用）

特定石綿被害建設業務労働者等に対する給付金の請求に関して、下記の請求書及び添付書類を提出して下さい。

請求者情報	フリガナ	フジサワイチロウ ダイリニンベンゴシ コバヤシレイキ	生年月日	昭和 ６３年 ７月 ２日生
	氏名	藤沢 一郎 代理人弁護士 小林 玲生紀		
	住所	〒251-0052 神奈川県藤沢市藤沢 109-5 湘南ＮＤビルディング７階		
	請求 年月日	令和６年１２月 ３日		

※ 各添付書類の左上に書類番号を記載して下さい（順不同）。

※ 添付している書類欄に☑するとともに、書類番号を記入して下さい。

書類番号	書類の種類	☑	備考
１．基礎資料			
	①請求書	☑	【必須】 特定石綿被害建設業務労働者等に対する給付金等請求書①（通－様式１）を記載し、提出して下さい。
	①－２ 委任状 又は成年後見人等であることを 証明する書類等	☑	【原則不要】 請求者本人以外の方が①の請求書を記載する場合は、委任状又は成年後見人等であることを証明する書類、及び代理人又は成年後見人等の本人確認資料を必ず添付して下さい。 ※社会保険労務士が作成・提出・事務代理を行う場合には不要です。
２．添付資料			
（１）請求者のご本人確認に必要な書類【必須】			
	②住民票の写し等 （請求者の氏名・生年月日・住所を 確認できる書類）	☑	原則、住民票の写しを添付して下さい。 ※１ 婚姻や国籍変更などで提出書類に複数の氏名表記がある場合には住民票の写しに併せて戸籍抄本または戸籍記載事項証明書のいずれかを添付して下さい。 ※２ 請求者の方が外国人の場合で住民票の写しが用意できない場合には、旅券、その他の身分を証明する書類の写しを添付して下さい。
（２）請求者が被災者の遺族である場合（被災者の方がお亡くなりになっている場合）に必要な書類			
	③戸籍謄本等	☐	【必須】 請求者と被災者との身分関係や請求者以外に給付金を受け取ることができる遺族の有無を確認するため、戸籍謄本等の資料を添付して下さい。
	④死亡届の記載事項証明書 （死亡の事実や死亡の原因が 確認できる書類）	☐	【原則必要】 死亡診断書または死体検案書もしくは検視調書記載事項についての市町村長の証明書等を添付して下さい。 ※被災者に関する労災保険の遺族補償給付、石綿救済法の救済給付（救済給付調整金、特別遺族弔慰金、特別葬祭料に限る）、特別遺族給付金の支給決定や認定を受けている場合は不要です。
	⑤事実婚の場合はそれを証明する書類	☐	【原則不要】 住民票（続柄に「妻（未婚）」等と表示されているもの）の写し、民生委員発行の事実婚証明書などの事実上婚姻関係と同様の事情にあることが確認できる資料を添付して下さい。

（次のページにお進み下さい）

162 第5章 申請書の具体的な書き方および記入例

(通－様式2－2)

（3）被災者の方に**労災保険給付・石綿救済法の特別遺族給付金の支給・不支給決定、** **石綿救済法の救済給付の認定・不認定又はじん肺管理区分決定がある場合に必要な書類【原則不要】**		
⑥支給決定等を受けた事実がわかる資料	☐	各制度の支給決定や認定等がある場合には労災保険給付・石綿救済法の特別遺族給付金の支給・不支給決定に係る「支給決定通知書」や石綿救済法の救済給付に関する「認定等の結果通知」、じん肺法に基づく「じん肺管理区分決定通知書」などの写しを添付して下さい。

（4）被災者の方の就業歴及び石綿ばく露作業への従事を証明する資料【必須】		
⑦被災者の方の就業歴 ・石綿ばく露作業歴のわかる資料	☑	就業歴等申告書（通－様式3及び続紙）及び別紙（通－様式3別紙）を記載し、添付して下さい。また、・被保険者記録照会回答票（年金の加入履歴）などの就業歴が確認できる資料や、・作業報告書、日報、請負契約書（仕様書）などの作業歴が確認できる資料を提出してください。中小事業主等・一人親方等の期間を有する場合には、当該事実が確認できる資料（特別加入承認通知書、労働者名簿等）があれば添付して下さい。

（5）請求する区分の石綿関連疾病に罹患していることを証明する資料【原則必要】 ※請求する区分の疾病が労災保険給付・石綿救済法の特別遺族給付金の支給決定 または石綿救済法の救済給付の認定を受けている石綿関連疾病と同様の場合には不要です。		
⑧石綿関連疾病への罹患がわかる資料	☑	診断（意見）書（疾病により共－様式1～5）を添付して下さい。
⑧－2　診断の根拠となる資料 （罹患した疾病にかかわらず必要な資料）	☑	エックス線画像、CT画像を添付して下さい。また、石綿計測結果報告書や診療録の写し、その他検査結果報告書があれば添付して下さい（検査を行っていない場合は不要です。）。
⑧－3　診断の根拠となる資料 （中皮腫に罹患している場合に必要な資料）	☑	病理組織診断報告書、細胞診断報告書を添付して下さい。※どちらか1つの報告書は必ず添付して下さい。また、可能な限り以下の標本も添付して下さい。病理組織診断報告書の場合：HE染色標本細胞診断報告書の場合：パパニコロウ染色標本
⑧－4　診断の根拠となる資料 （石綿肺（※）及びびまん性胸膜肥厚に罹患している場合に必要な資料） ※じん肺管理区分が4又はこれに相当するものに限る	☐	呼吸機能検査結果報告書を添付して下さい。
⑧－5　診断の根拠となる資料 （良性石綿胸水に罹患している場合に必要な資料）	☐	胸水の検査結果（性状、浸出液か漏出液かの鑑別のための検査を含む生化学的検査、細胞診を含む細胞学的検査、細菌学的検査、CEA、CYFRA、ADA、ヒアルロン酸値等）及び胸水貯留をきたす他の疾病の有無を示す医証（既往歴・現病歴、リウマチ因子等の検査結果等）を添付して下さい。

（次のページにお進み下さい）

5

4 建設アスベスト被害給付金制度の申請書の書き方および記入例 163

（通）－様式２－３）

（６）企業等から損害賠償金や和解金などを受け取っている場合に必要な資料　【原則不要】		
⑨企業等からの受領金額等のわかる資料	☐	企業等から損害賠償金や和解金などを受け取っている場合には、判決内容のわかる書類や和解に関する合意書などの写し及び受領年月日のわかる資料の写し等を添付して下さい。

（７）その他の必要な資料		
⑩振込を希望する金融口座の通帳又はキャッシュカードの写し	☑	**【必須】** 給付金の振り込み誤りを防ぐため、添付して下さい。 ※振込を希望する金融口座は請求者本人の口座をご指定下さい。
⑪資料の日本語訳	☐	**【原則不要】** 日本語以外で作成された資料がある場合には、必ず添付して下さい。

※提出が不要となっている資料等についても場合によっては、追加で提出を求めることがありますのでご留意願います。

〈厚生労働省への伝達事項〉

　提出が必要とされている書類について提出ができない特別な事情がある場合には、下の欄にその旨を記載して下さい。

その他の必要書類は現在収集中です。
揃い次第追完いたします。

（以上）

164　第5章　申請書の具体的な書き方および記入例

（通－様式3）

就業歴等申告書（通常請求用）

就業歴（石綿ばく露作業従事期間がないものも含む）について記載してください。

フリガナ	フジサワ　イチロウ	生年月日	昭和24年2月9日生	罹患した疾病名	1枚目/1　枚中
被災者氏名	藤沢　一郎			☑中皮腫　□肺がん　□石綿肺　□良性石綿胸水　□びまん性胸膜肥厚　□著しい呼吸機能障害を伴うびまん性胸膜肥厚	

番号	事業場名	全在籍期間		石綿ばく露作業従事期間		吹付作業(※)	屋内作業(※)
1	□□工務店	昭和44年9月～昭和48年3月	3年6ヶ月	年　月　～　年　月	年　0ヶ月		
2	△△建設株式会社	昭和48年4月～平成21年2月	35年11ヶ月	年　月　～　年　月	35年11ヶ月	●	●
3		年　月　～　年　月	年　ヶ月	年　月　～　年　月	年　ヶ月		
4		年　月　～　年　月	年　ヶ月	年　月　～　年　月	年　ヶ月		
5		年　月　～　年　月	年　ヶ月	年　月　～　年　月	年　ヶ月		
				小計①	35年11ヶ月		

就業期間、石綿ばく露作業従事期間の詳細については（通－様式3別紙）のとおり・別紙　1　枚

(※) 吹付作業、屋内作業に該当する場合には、それぞれの欄に○印等のチェックをつけてください。

続紙　小計②

小計①と②の合計　　35年11ヶ月

※記載欄が少ない場合は、小計②の額を転記してください。

記載枠が不足する場合には、本様のコピーもしくは様紙に追記の上、添付して下さい。

（厚生労働省採用様式）※記入不要

①昭和47年10月1日～昭和50年9月30日までの吹付作業期間（会社）　　年　ヶ月
②昭和50年10月1日～平成16年9月30日までの屋内作業期間（会社）　　年　ヶ月
①、②の合計　　年　ヶ月

疾病名	基準	従事
肺がん・石綿肺	10年未満	□
びまん性胸膜肥厚	3年未満	□
中皮腫、良性石綿胸水	1年未満	□

（⑮ー様式3別紙）

枚ノ　1　枚

就業歴の詳細について記載し、記載内容について、事業主もしくは（元）同僚などから証明を受けてください。

※石綿ばく露が業務と関係がない就業歴については、本様式の記載は不要です。

就業歴番号　2					
事業場名・所在地 事業種類・雇用等形態	全在籍期間	石綿ばく露作業 従事期間	石綿ばく露作業 職種・頻度・現場監督	石綿ばく露の状況 （作業の具体的内容・設備建材等）	備考
△△建設株式会社 東京都目黒区北4-5-6 （建築業） 履歴事項全部証明のとおり （雇用形態） □正社員 □個人事業主 ☑一人親方	昭和48年4月 ～ 平成21年2月 （35年11ヶ月間）	昭和48年4月 ～平成21年2月 （35年11ヶ月間）	職種 大工・解体工・現場監督 （下記のア～カから選択、カ及びキの場合は具体的な内容を備考に記載） 頻度	建築・解体現場において現場作業・現場監督を行い、アスベストにばく露した。	

※使用者を有し、雇用の年数分以上が従事しながら工場、外気の流入し、外気の流入が困られることにより、石綿給じん作業が得られることになります。石綿給じん作業が得られることにより、屋内と評価するものは屋内、屋外と評価しうるものは屋外と見なします。

（石綿ばく露作業の種類）
ア　石綿の吹付けの作業
イ　石綿が使用されている（石綿が付与されたものを含む）建造物、工作物の解体又は破砕の作業
ウ　石綿を含有する保温材、耐火被覆材等の切断等の加工作業
エ　石綿製品の製造工程における作業
オ　石綿が付与された建物、工作物の補修又は解体、工作物の補修又は解体、破砕等の作業　カ　上記作業の周辺で間接的にばく露を受ける作業　キ　その他の作業

次の①、②について該当するものに○を付けてください。
①吹付作業に従事する石綿給じんと評価するものはそれがあって、屋内と評価しうるものは屋内と見なします。　　　年　　　・　　　無
②作業箇所の屋内・屋外の別（※）　：　屋内　・　屋外

（証明者欄）

上記のとおり相違ありません。

証　明　者　　被災者との関係：　事業主・同僚・その他

　　　　　　　住所・所在地：

　　　　　　　電話番号：

　　　　　　　役職・氏名：（　　　　　　　　　）

※証明者欄は、就業歴について事業主等からの協力が得られなかった場合は、証明者欄の役職・氏名欄に（事業主等の協力を得られない）旨及び理由、事業主の所在、事業主等に連絡が取れない等を記入して提出して下さい。

令和　　年　　月　　日

請求者側
記入欄

ばく露事業場の事業主もしくは（元）同僚記入欄

166　第5章　申請書の具体的な書き方および記入例

⑶　労災保険または特別遺族給付金が認定されている場合（労災支給決定等情報提供サービスを利用した請求）

　上記⑴および**第4章1**で詳述したように，建設業で労災保険または特別遺族給付金の認定を受けている場合には，「労災支給決定等情報提供サービスを利用した請求」のルートを利用すべきである。

建設アスベスト被害給付金「特定石綿被害建設業務労働者等に対する給付金等請求書②（情報提供サービス利用者用）」の書き方

提出の流れ

(ⅰ)　まず，労災支給決定等情報提供サービス（以下，「情報提供サービス」という。）の申請を行い，「通知書（労災支給決定等情報）」を取得する（具体的な申請方法等については，厚生労働省「『建設アスベスト給付金』を受けようとする皆様へ　労災支給決定等情報提供サービスをご活用ください」https://www.mhlw.go.jp/content/11200000/001143641.pdf を参照するとよい）。

　　なお，申請後，厚生労働省より情報を提供できない旨の通知が届いた場合には，通常請求にて申請を行う。

(ⅱ)　「通知書（労災支給決定等情報）」が届くのを待つ間に，請求書へ記入しておく。不明点があれば，依頼者へ聞き取りを行う。なお，万が一，情報提供サービスが認められなかった場合は通常請求をしていくことになるが，請求書の記載内容や添付書類などには重複する部分も多いので，準備しておいても無駄にはならない。

(ⅲ)　「建設アスベスト給付金請求の手引き①《労災支給決定等情報提供サービスをご利用の方へ》」「請求書添付書類等一覧表（㊙－様式2－1～3）」を見ながら，必要書類を収集する。ただし，情報提供サービスが利用できる場合，多くの項目が「原則不要」に当てはまる結果，ほとんど資料の収集が必要ない場合が多い。もし，住民票の写しや戸籍謄本が必要な場合には，発行から3カ月以内という条件があるため，申請の目処が立ってから取得する，もしくは申請と同時に取得し追完するのがよい。

　　なお，取得に時間がかかる書類がある場合には，今ある書類だけでひとまず申請し，後日追完することもできる。その場合は，「㊙－様式2－3」〈厚生労働省への伝達事項〉へ，追完する旨を記入する。

4　建設アスベスト被害給付金制度の申請書の書き方および記入例　　167

(ⅳ)　請求書に日付などを追記し，厚生労働省へ提出する。なお，申請時は送付物が多いため，「請求書添付書類等一覧表（㊙－様式２－１～３）」を送付物のチェックリストや送付書として使うとよい。

添付書類

- 上記手引き①２頁以下参照。

ポイント

労災支給決定等情報提供サービス交付番号

　「通知書（労災支給決定等情報）」の右上の番号を記入する。

請求者氏名欄

- 弁護士等代理人が申請する場合には，「（依頼者名）代理人弁護士（弁護士名）」などと記入する。依頼者名については，被災者が存命の場合には，被災者の氏名を記入すればよい。被災者が故人の場合には，請求権者を記載する。

(ⅰ)　請求者の情報欄

- 「請求者氏名」は前項のとおり。
- 「生年月日」「住所又は居所」は代理人弁護士の生年月日や事務所住所，事務所電話番号を記入する。

(ⅱ)　被災者の情報欄

- 「被災者氏名」「生年月日」以外の欄は，当てはまらない場合は空欄で構わない。

(ⅲ)　請求に関する情報欄

- 今回請求する区分を，①～⑦から選んで記入し，⑤～⑦の場合は当てはまるものにチェックする。
- 「じん肺管理区分決定」欄は，じん肺管理区分決定を受けていない場合は空欄で構わない。
- 「石綿健康被害救済制度」欄も同様に，当てはまらない場合は空欄で構わない。

(ⅳ)　損害賠償金，和解金，補償金等の受取状況欄

- 国や企業から損害賠償金等を受け取っている場合は記入する。受け取っていない場合は空欄で構わない。

(ⅴ)　振込を希望する金融口座欄

- 依頼者の本人口座でも構わないが，給付の確認のため，代理人の預口口座を記入するとよい。その場合，厚労省に提出する委任状に「特定石綿被害建設業務労働者等に対する給付金等の支給に関する法律に基づく給付金の受領権限」が委任事

168　第5章　申請書の具体的な書き方および記入例

項として明記されている必要がある。

6　個人情報の取扱い欄

- 「同意する」を選択しておけばよい。

4　建設アスベスト被害給付金制度の申請書の書き方および記入例　　169

（受付番号：　　　　　）※記載不要　　　　　　　　　　　　　　　　　（特－様式1－1）

特定石綿被害建設業務労働者等に対する給付金等請求書②（情報提供サービス利用者用）

労災支給決定等情報提供サービス交付番号	012345

厚生労働大臣　殿

　　　下記のとおり、特定石綿被害建設業務労働者等に対する給付金等の支給に関する法律による給付
金の支給を請求します。

　　　　　　　令和6年12月　3日　　　　　　　　請求者氏名　藤沢　花子　代理人弁護士　小林　玲生起

1．請求者の情報

フリガナ	フジサワハナコ ダイリニンベンゴシ コバヤシレオキ	生年月日	
請求者氏名	藤沢　花子　代理人弁護士　小林　玲生起	昭和 63年　7月　2日生	
フリガナ	カナガワケンフジサワシフジサワ109-5　ショウナンＮＤビルディング7カイ		
請求者 住所又は居所	〒251-0052 神奈川県藤沢市藤沢　109-5　湘南ＮＤビルディング7階 電話番号 0466-53-9340		

※万一、請求者の方が本給付金等の権利の認定・不認定の通知がなされるまでに死亡した場合には、本請求書による請求は無効となります。なお、当該場合には、特定石綿被害建設業務労働者等に対する給付金等の支給に関する法律第3条第2項及び第3項に基づき遺族の方（本請求の請求者を除く。）が御自身の名前で改めて請求を行っていただくことになります。

2．被災者の情報

フリガナ	フジサワ イチロウ	生年月日	
被災者氏名	藤沢　一郎	昭和 24年2月9日生	

被災者がお亡くなりになっている場合	請求者の被災者との続柄	請求者より先順位の遺族の有無
	妻	☑ 無 □ 有（遺族氏名：　　　　　　）

労働者災害補償保険法による保険給付の支給決定状況 ※石綿による健康被害の救済に関する法律による 特別遺族給付金の支給決定状況を含む	☑支給決定あり　　□不支給決定あり □請求予定又は請求中　□請求予定なし

（支給決定ありまたは不支給決定ありの場合）

決定年月日 （支給・不支給）	令和〇年〇月〇日	決定した 労働基準監督署長	品川　労働基準監督署長

石綿による健康被害の救済に関する法律による 救済給付の支給決定状況	□支給決定あり　　□不支給決定あり □請求予定又は請求中　☑請求予定なし

（支給決定ありまたは不支給決定ありの場合）

決定年月日 （支給・不支給）	年　　月　　日	認定を受けた 疾病	□中皮腫 □肺がん □著しい呼吸機能障害を伴うびまん性胸膜肥厚 □著しい呼吸機能障害を伴う石綿肺

（次のページにお進み下さい）

1

170　第５章　申請書の具体的な書き方および記入例

3．請求に関する情報　　　　　　　　　　　　　　　　　　　　　（特）－様式１－２）

請求する区分 【⑦　　　　】	※以下の①～⑦から該当するものを記載

①石綿肺管理２（相当を含む）でじん肺法所定の合併症なし
②石綿肺管理２（相当を含む）でじん肺法所定の合併症あり
③石綿肺管理３（相当を含む）でじん肺法所定の合併症なし
④石綿肺管理３（相当を含む）でじん肺法所定の合併症あり
⑤以下のいずれか（該当するものを選択）
　□中皮腫　　　　　□肺がん　　　　　□著しい呼吸機能障害を伴うびまん性胸膜肥厚
　□石綿肺管理４（相当を含む）　　　　□良性石綿胸水
⑥以下のいずれかを原因として死亡（該当するものを選択）
　□石綿肺管理２（相当を含む）でじん肺法所定の合併症なし
　□石綿肺管理３（相当を含む）でじん肺法所定の合併症なし
⑦以下のいずれかを原因として死亡（該当するものを選択）
　□石綿肺管理２（相当を含む）でじん肺法所定の合併症あり
　□石綿肺管理３（相当を含む）でじん肺法所定の合併症あり
　☑中皮腫　　　　　□肺がん　　　　　□著しい呼吸機能障害を伴うびまん性胸膜肥厚
　□石綿肺管理４（相当を含む）　　　　□良性石綿胸水

（請求する区分が⑥または⑦の場合）		
死亡年月日	（　　令和　　） **６年９月８日**	備考（請求期限）※記載不要

（請求する区分が①～⑤の場合）		
請求する疾病にかかったと 医師に診断された日	（　　　　　　　） 　　年　　月　　日	備考（請求期限）※記載不要

（全ての請求区分）			
じん肺管理区分決定の有無	□有 ☑無	合併症の有無	□有　（疾病名：　　　　　　） ☑無

じん肺管理区分決定年月日 ※じん肺管理区分決定がない場合には、 請求する区分の管理区分に相当する旨の 医師の診断日	（　　　　　　　） 　　年　　月　　日	備考（請求期限）※記載不要

（請求する区分が⑤又は⑦で肺がんを選択した場合）	
被災者の喫煙の習慣の有無	□無 ☑有（喫煙1日平均 **10**本、喫煙期間 **昭和４０年頃～平成５年１０月**）

（次のページにお進み下さい）

（注意）故意に虚偽の内容を記載する等の不正の手段により給付金の支給を受けた場合には、不正に受給した金額の返還を行う必要があります。また、詐欺罪として刑罰に処せられることがあります。

2

4 建設アスベスト被害給付金制度の申請書の書き方および記入例　　171

4．損害賠償金、和解金、補償金等の受取状況　　　　　　　　　　　　（特）－様式1－3）

※名称の如何を問わず本請求と同一の原因に基づく損害賠償金や和解金、補償金等の請求や受領を行っている、又は、行ったことがある方は記入して下さい。

国に対する訴訟情報	提訴裁判所名		事件番号		原告番号	
企業等に対する請求情報	請求先の商号、名称又は氏名				請求額	円
	※現時点で請求中又は訴訟係属中の損害賠償金や和解金、補償金等について記載して下さい。					
企業等からの受取情報 ※既に支払を受けた損害賠償金や和解金、補償金について記載して下さい。	支払者の商号、名称又は氏名	△△建設株式会社 （旧有限会社△△建設）		受領額	2000万 円	
	受領した者の氏名	藤沢　花子		被災者との続柄	妻	
	受領日	令和6年11月3日				
	（受領額の内訳※内訳がある場合記載して下さい。）					
	元本 円	遅延損害金	円	弁護士費用その他	円	

5．振込を希望する金融機関口座（※請求者本人名義の口座をご指定下さい。）

フリガナ	△△ギ゜ンコウ		金融機関コード	
金融機関名	△△ 銀行 （ ）		0123	
フリガナ	ヨコハマシテン		支店コード	
支店名	横浜 支店		456	
口座番号	1 2 3 4 5 6 7	預金種目 普通		
フリガナ	ヘ゜ンコ゛シ コハ゜ヤシレオキ アス゜カリ			
口座名義	弁護士　小林　玲生起　預口			

※フリガナは、濁点・半濁点も1文字として記載して下さい。

6．個人情報の取扱い

　本請求書に記載された情報、請求者から提出された本請求に関する資料及び行政機関が保有する本請求に関する資料等の情報について、被災者の方が本請求の認定要件に合致するかなどを確認するために、医療機関、被災者の方がお勤めの企業（かつてお勤めであった企業を含みます。）などに、審査・認定に必要な限度で提供する場合があります。

☑上記について同意します。	□上記について同意しません。

※同意いただけない場合には、認定要件に合致することが確認できないなどの影響が出る場合があります。

社会保険労務士記載欄	作成年月日・提出代行者・事務代理者の表示	氏　名	電話番号

3

172　第5章　申請書の具体的な書き方および記入例

（特）－様式2－1）

請求書添付書類等一覧表
（特定石綿被害建設業務労働者等に対する給付金等　情報提供サービス利用者用）

　　特定石綿被害建設業務労働者等に対する給付金の請求に関して、下記の請求書及び添付書類を提出して下さい。

請求者情報	フリガナ	フジサワハナコ ダイリニンベンゴシ コバヤシレオキ	生年月日	昭和 63年　7月　2日生
	氏名	藤沢 花子 代理人弁護士 小林 玲生起		
	住所	〒251-0052 神奈川県藤沢市藤沢　109-5　湘南NDビルディング7階		
	請求 年月日	令和6年12月　3日		

※　各添付書類の左上に書類番号を記載して下さい（順不同）。

※　添付している書類欄に☑するとともに、書類番号を記入して下さい。

書類番号	書類の種類	☑	備考
1．基礎資料			
	①請求書	☑	【必須】 特定石綿被害建設業務労働者等に対する給付金等請求書②（特－様式1）を記載し、提出して下さい。
	①－2　委任状 又は成年後見人等であることを証明する書類等	☑	【原則不要】 請求者本人以外の方が①の請求書を記載する場合であって、以下のいずれかに該当するときには委任状又は成年後見人等であることを証明する書類、及び代理人又は成年後見人等の本人確認資料を必ず添付して下さい。 ・請求者が労災支給決定等情報提供サービスの申請者と同一でない、又は、申請時と同一住所でない ・請求者が任意代理人であって給付金の請求の委任まで確認できない ※社会保険労務士が作成・提出・事務代理を行う場合には不要です。
2．添付資料			
（0）労災支給決定等情報提供サービス【必須】			
	☆通知書のコピー （「労災支給決定等情報」のコピー）	☑	労災支給決定等情報提供サービスにより提供を受けた「労災支給決定等情報」の写しを添付して下さい。
（1）請求者のご本人確認に必要な書類【原則不要】			
	②住民票の写し等 （請求者の氏名・生年月日・住所を確認できる書類）	☐	請求者が労災支給決定等情報提供サービスの申請者と同一でない、又は、申請時と同一住所でない場合には、原則、住民票の写しを添付して下さい。 ※1　婚姻や国籍変更などで提出書類に複数の氏名表記がある場合には住民票の写しに併せて戸籍抄本または戸籍記載事項証明書のいずれかを添付して下さい。 ※2　請求者の方が外国人の場合で住民票の写しが用意できない場合には、旅券、その他の身分を証明する書類の写しを添付して下さい。

（次のページにお進み下さい）

4

4　建設アスベスト被害給付金制度の申請書の書き方および記入例　173

(特)－様式2－2)

（2）請求者が被災者の遺族である場合（被災者の方がお亡くなりになっている場合）に必要な書類		
③戸籍謄本等	☐	【原則不要】 労災支給決定等情報提供サービスの申請時に提出されている戸籍謄本等で請求者が給付金等を受け取ることができる遺族のうち最先順位者であることが確認できない場合には請求者と被災者との身分関係や請求者以外に給付金を受け取ることができる遺族の有無が確認できる戸籍謄本等の資料を添付して下さい。
④死亡届の記載事項証明書 （死亡の事実や死亡の原因が 確認できる書類）	☑	【原則必要】 死亡診断書または死体検案書もしくは検視調書記載事項についての市町村長の証明書を添付して下さい。 ※被災者に関する労災保険の遺族補償給付、石綿救済法の救済給付（救済給付調整金、特別遺族弔慰金、特別葬祭料に限る）、特別遺族給付金の支給決定や認定を受けている場合は不要です。
⑤事実婚の場合はそれを証明する書類	☐	【原則不要】 労災支給決定等情報提供サービスの申請時に提出されている戸籍謄本等で請求者が被災者の事実上の配偶者であることが確認できない場合には住民票（続柄に「妻（未婚）」等と表示されているもの）の写しや、民生委員発行の事実婚証明書などの事実上婚姻関係と同様の事情にあることが確認できる資料を添付して下さい。
（3）被災者の方に労災保険給付・石綿救済法の特別遺族給付金の支給・不支給決定、		
石綿救済法の救済給付の認定・不認定又はじん肺管理区分決定がある場合に必要な書類【原則不要】		
⑥支給決定等を受けた事実がわかる資料	☐	請求する区分の疾病が労災支給決定等情報提供サービスにより提供を受けた内容と異なる請求をする場合には、労災保険給付・石綿救済法の特別遺族給付金の支給・不支給決定に係る「支給決定通知書」や石綿救済法の救済給付に関する「認定等の結果通知」、じん肺法に基づく「じん肺管理区分決定通知書」などの写しを添付して下さい。
（4）被災者の方の就業歴及び石綿ばく露作業への従事を証明する資料【原則不要】		
⑦被災者の方の就業歴 ・石綿ばく露作業歴のわかる資料	☐	労災支給決定等情報提供サービスにより提供を受けた情報を修正する場合には、「労災支給決定等情報」を朱書きで修正した上、当該修正内容を証明できる資料を添付して下さい。 また、労災支給決定等情報提供サービスにより提供を受けた情報には記載のない就業歴等を追加する必要がある場合には、当該就業歴等について、就業歴等申告書（通－様式3及び続紙）及び別紙（通－様式3別紙）を記載し、添付して下さい。 さらに、 ・被保険者記録照会回答票（年金の加入履歴）などの就業歴が確認できる資料や、 ・作業報告書、日報、請負契約書（仕様書）などの作業歴が確認できる資料 を提出してください。 当該追記する必要がある就業歴等に中小事業主等・一人親方等の期間を有する場合には、当該事実が確認できる資料（特別加入承認通知書、労働者名簿等）があれば添付して下さい。

（次のページにお進み下さい）

5

174　第5章　申請書の具体的な書き方および記入例

（特）－様式2－3）

（5）請求する区分の石綿関連疾病に罹患していることを証明する資料【原則不要】		
⑧石綿関連疾病への罹患がわかる資料	☐	請求する区分の疾病が労災支給決定等情報提供サービスにより提供を受けた内容と異なる請求の場合には診断（意見）書（疾病により共－様式1～5）を添付して下さい。
⑧－2　診断の根拠となる資料（罹患した疾病にかかわらず必要な資料）	☐	請求する区分の疾病が労災支給決定等情報提供サービスにより提供を受けた内容と異なる請求の場合にはエックス線画像、CT画像を添付して下さい。また、石綿計測結果報告書や診療録の写し、その他検査結果報告書があれば添付して下さい（検査を行っていない場合は不要です。）。
⑧－3　診断の根拠となる資料（中皮腫に罹患している場合に必要な資料）	☐	請求する区分の疾病が労災支給決定等情報提供サービスにより提供を受けた内容と異なる請求の場合には病理組織診断報告書、細胞診断報告書を添付して下さい。※どちらか1つの報告書は必ず添付して下さい。また、可能な限り以下の標本も添付して下さい。病理組織診断報告書の場合：HE染色標本細胞診断報告書の場合：パパニコロウ染色標本
⑧－4　診断の根拠となる資料（石綿肺（※）及びびまん性胸膜肥厚に罹患している場合に必要な資料）※じん肺管理区分が4又はこれに相当するものに限る	☐	請求する区分の疾病が労災支給決定等情報提供サービスにより提供を受けた内容と異なる請求の場合には呼吸機能検査結果報告書を添付して下さい。
⑧－5　診断の根拠となる資料（良性石綿胸水に罹患している場合に必要な資料）	☐	請求する区分の疾病が労災支給決定等情報提供サービスにより提供を受けた内容と異なる請求の場合には、胸水の検査結果（性状、浸出液か漏出液かの鑑別のための検査を含む生化学的検査、細胞診を含む細胞学的検査、細菌学的検査、CEA、CYFRA、ADA、ヒアルロン酸値等）及び胸水貯留をきたした他の疾病の有無を示す図証（既住歴・現病歴、リウマチ因子等の検査結果等）を添付して下さい。
（6）企業等から損害賠償金や和解金などを受け取っている場合に必要な資料【原則不要】		
⑨企業等からの受領金額等のわかる資料	☑	企業等から損害賠償金や和解金などを受け取っている場合には、判決内容のわかる書類や和解に関する合意書などの写し及び受領年月日のわかる資料の写し等を添付して下さい。
（7）その他の必要な資料		
⑩振込を希望する金融口座の通帳又はキャッシュカードの写し	☑	【必須】給付金の振り込み誤りを防ぐため、添付して下さい。※振込を希望する金融口座は原則、請求者本人の口座をご指定下さい。
⑪資料の日本語訳	☐	【原則不要】日本語以外で作成された資料がある場合には、添付して下さい。

※提出が不要となっている資料等についても場合によっては、追加で提出を求めることがありますのでご留意願います。

〈厚生労働省への伝達事項〉
　提出が必要とされている書類について提出ができない特別な事情がある場合には、下の欄にその旨を記載して下さい。

（以上）

6

【巻末参考資料】

① アスベスト給付金検討フローチャート　8頁

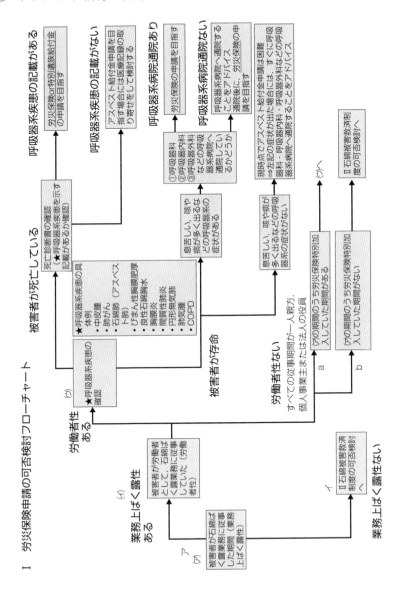

Ⅱ　石綿被害救済制度の可否検討フローチャート

(ア)
被害者は死亡 → 死亡診断書の確認（死亡原因に★呼吸器系疾患を示す記載があるか否か）

a　呼吸器系疾患の記載がある
→ 石綿被害救済制度の申請を目指す

b　呼吸器系疾患の記載がない
→ アスベスト給付金申請を目指す場合には医療記録の取り寄せをして検討する

(イ)
被害者は存命

a　息苦しい、咳や痰が多く出るなどの呼吸器系の症状がある
→ ①呼吸器科 ②呼吸器内科 ③呼吸器外科などの呼吸器系病院へ通院しているかどうか

呼吸器系病院通院あり
→ 石綿健康被害救済制度の申請を目指す
→ 呼吸器系病院へ通院することをアドバイス　通院後に、石綿健康被害救済制度の申請を目指す

b　息苦しい、咳や痰が多く出るなどの呼吸器系の症状はない

呼吸器系病院通院なし
→ 現時点でアスベスト給付金申請は困難　→左記症状が出た場合には、すぐに呼吸器科・内科・呼吸器外科などの呼吸器系病院へ通院することをアドバイス

巻末参考資料 177

Ⅲ 建設アスベスト被害救済制度の可否検討フローチャート

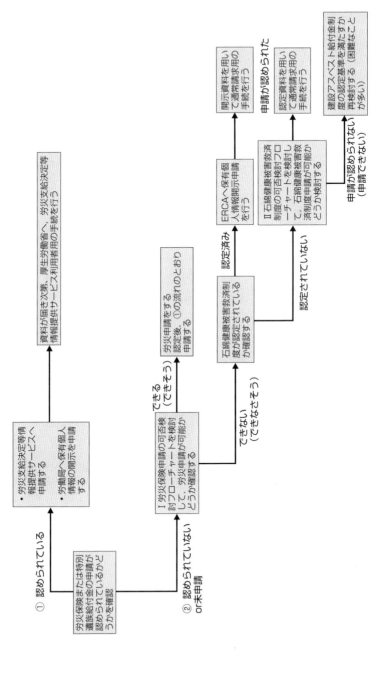

② 石綿労災認定基準該当性に関する意見書（肺がん・胸膜プラーク有り）
12〜13頁，78頁，90頁

石綿労災認定基準該当性に関する意見書

令和●年●月●日

●●労働局　御中
●●労働基準監督署　御中

〒251-0052
神奈川県藤沢市藤沢 109-5
湘南 ND ビル 7 階
TEL. 0466-53-9340　FAX. 0466-53-9341
弁護士法人シーライト

担当□弁護士　　阿　部　貴　之
担当□弁護士　　小　林　玲生起
担当□弁護士　　塩　谷　恭　平
担当□弁護士　　澁　谷　　大

被災者：●●氏（昭和●●年●月●●日生）について

第1　本書の趣旨
　上記被災者につき，労災保険請求者代理人として，厚生労働省労働基準局長平成25年10月1日「石綿による疾病の認定基準」（基発1001第8号。以下「石綿労災基準」という。）の該当性につき，以下のとおり意見を述べる。

第2　参照されるべき石綿労災基準
　被災者は，石綿ばく露により原発性肺がんに罹患したから，石綿労災基準第2−2「肺がん」の認定要件に該当するか否かが重要である。

第3　胸膜プラーク基準の該当性について
　被災者の【添付資料】①●年●月●日●●病院撮影●●によれば，石灰化を伴っているために高輝度を呈している胸膜プラークが認められる（赤丸部分）。
　そして，被災者は，石綿ばく露作業に10年以上従事していたから，少なくとも石綿労災基準第2−2(2)に該当する。

第4　結論
　したがって，被災者に係る労災保険請求につき労災認定がなされるべきである。

以上

【添付資料】
①●年●月●日●●病院撮影●●

③ 遺族補償給付代表者選任／解任届（様式改訂版） 32頁，114頁，119頁，128頁，133頁

労働者災害補償保険

遺族（補償）年金
遺族（補償）一時金 　代表者　選 任　届
　　　　　　　　　　　　　　　　解 任

区　　分	氏　　名	住　　所	死亡労働者との関係
① 選任代表者（新代表者）			
② 解任代表者（旧代表者）			

上記のとおり　遺族（補償）年金　の請求及び受領（特別支給金部分を含む）に
　　　　　　　遺族（補償）一時金

ついての代表者を　選任　（　　　　　　　　　　　事由により）したので届けます。
　　　　　　　　　解任

　　　　　年　　　　　月　　　　　日

届　出　人
（受給権者）

氏　　名	住　　所	電話番号
	（〒　　－　　）	（　　　　）－
	（〒　　－　　）	（　　　　）－
	（〒　　－　　）	（　　　　）－
	（〒　　－　　）	（　　　　）－

●●労働基準監督署長 殿

④ 石綿ばく露作業歴の証拠収集案内チラシ　72～74頁

巻末参考資料　181

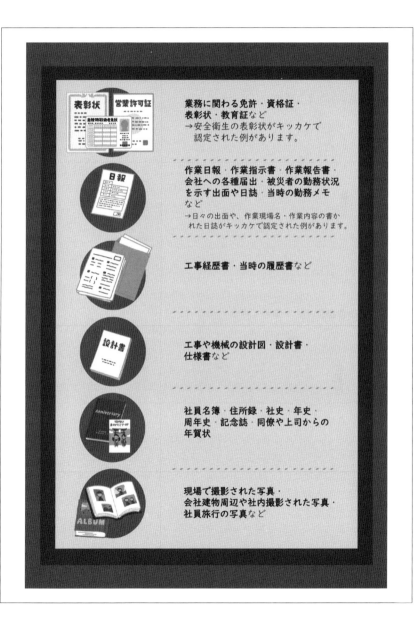

⑤　労災保険給付に関する調査の意見書（石綿肺・血液ガス検査）　79頁

労災保険給付に関する調査の意見書

●●労働局　御中
●●労働基準監督署　御中

●●年●●月●●日

〒251-0052

神奈川県藤沢市藤沢 109-5

湘南 ND ビル 7 階

TEL. 0466-53-9340　FAX. 0466-53-9341

弁護士法人シーライト

担当□弁護士　　阿　部　貴　之

担当☑弁護士　　小　林　玲生起

担当□弁護士　　塩　谷　恭　平

担当□弁護士　　澁　谷　　　大

被災者：●●●●（昭和●●年●●月●●日生まれ）

第1　本書の趣旨

　上記被災者につき、適切な労災保険給付審査のため、貴庁において、第2の
とおりの上申事項の調査・認定手続を実施されたいので、その旨を上申する。

第2　上申事項

　1　石綿肺によるじん肺管理区分の精査・診断命令

　　被災者の石綿肺が、厚生労働省労働基準局長平成25年10月1日「石綿によ
る疾病の認定基準」（基発1001第8号。以下「石綿労災基準」という。）第2
−1にいうじん肺法第4条2項に規定するじん肺管理区分が管理4に該当す
るか否か精査するため、労働者災害補償保険法47条の2に基づき、労災病院
などの医師による動脈血酸素分圧（PaO2）及び肺胞気動脈血酸素分圧較差
（AaDO2）の検査（厚生労働省労働基準局長平成22年6月28日「じん肺法にお
ける肺機能検査及び検査結果の判定等について」（基発0628第6号。以下「肺
機能等結果判定基準」という。）第1−1(2)ア、石綿労災基準第2−4(2)イ(イ)
参照）及び診断を受けるよう命じられたい。

（参照）

労災保険法第47条の2

　行政庁は、保険給付に関して必要があると認めるときは、保険給付を受け、又は受けようとする者（遺族補償年金、複数事業労働者遺族年金又は遺族年金の額の算定の基礎となる者を含む。）に対し、その指定する医師の診断を受けるべきことを命ずることができる。

第3　上申の理由

1　被災者の石綿肺によるじん肺 XP 写真像が PR 1（第1型）以上であること

　被災者は、●労発基第●●●●第●●号令和●●年●●月●●日付けじん肺 XP 写真像が PR 1（第1型）であると認定されている。

2　被災者にじん肺法所定の「著しい肺機能の障害」があれば、石綿肺によるじん肺管理区分4に該当すること

　石綿労災基準第2－1及びじん肺法4条2項の表「管理4⑵」によれば、被災者に「著しい肺機能の障害」があれば、被災者は石綿肺によるじん肺管理区分4に該当し、石綿肺による石綿労災基準を満たす。

　そして、上記「著しい肺機能の障害」か否かは、肺機能等結果判定基準第1－1⑵を基本として行われる。なお、これは、石綿労災基準第2－4⑵と同一である。

3　被災者には、少なくとも「肺機能の障害」が認められるが、それが「著しい」か否かを判定する検査が未だ尽くされていないこと

　●●●●年●●月●●日●●病院肺機能検査報告書によれば、被災者の％VC は、●●％であり、肺機能等結果判定基準第1－1⑵アの「％肺活量が60％以上80％未満」を満たす。

　それにも関わらず、被災者には、動脈血酸素分圧（PaO2）及び肺胞気動脈血酸素分圧較差（AaDO2）の検査は行われていないから、適切な労災保険給付審査のため、上記検査の結果を踏まえた上で、石綿労災基準の適否が判定

されるべきである。
　よって、上記第2－1のとおり、上申する。

【添付資料】

① 石綿労災基準：厚生労働省労働基準局長平成25年10月1日「石綿による疾病の認定基準」（基発1001第8号）

② 肺機能等結果判定基準：厚生労働省労働基準局長平成22年6月28日「じん肺法における肺機能検査及び検査結果の判定等について」（基発0628第6号）

③ ●労発基第●●●●第●●号令和●●年●●月●●日付けじん肺管理区分決定通知

④ ●●●●年●●月●●日●●病院肺機能検査報告書

以上

⑥　アスベスト労災保険申立書　81頁，99頁，107頁，113頁，119頁，123頁，
133頁

年　　月　　日

東京労働局労働基準部労災補償課長　殿

　　　　　　　　　　請求人　住　所

　　　　　　　　　　氏　名　：＿＿＿＿＿＿＿＿＿
　　　　　　　　　　被災者との続柄　：＿＿＿＿＿＿＿

申　立　書

労災請求した件について，下記のとおり申し立ていたします。

記

1．職歴及び石綿ばく露作業について
　　　　　別紙1及び別紙2のとおり
2．石綿ばく露作業の状況について
　(1)　どのような作業により石綿にばく露しましたか

　(2)　作業環境（屋外か内部か，狭いか広いか，換気の有無等）

　(3)　作業時の服装，マスク等着用の有無

　(4)　石綿を含むとみられる製品，材料等の名称等（原材料，製品名，製造元等）

　(5)　石綿の飛散状況（どのくらい，どのように飛散していたか等）

(6) 石綿へのばく露状況（鼻や口で吸った感じがあったか，衣服への付着の有無等）

(7) 当時の石綿ばく露状況について知っている会社関係者等がいれば，その方のお名前，連絡先等についてわかる範囲で教えてください。

    ① 名　前＿＿＿＿＿＿＿＿＿＿＿＿＿＿＿＿＿＿＿＿＿
           ＿＿＿＿＿＿＿＿＿＿＿＿＿＿＿＿＿＿＿＿＿
        住　所＿＿＿＿＿＿＿＿＿＿＿＿＿＿＿＿＿＿＿＿＿
        連絡先＿＿＿＿＿＿＿＿＿＿＿＿＿＿＿＿＿＿＿＿＿

    ② 名　前＿＿＿＿＿＿＿＿＿＿＿＿＿＿＿＿＿＿＿＿＿
           ＿＿＿＿＿＿＿＿＿＿＿＿＿＿＿＿＿＿＿＿＿
        住　所＿＿＿＿＿＿＿＿＿＿＿＿＿＿＿＿＿＿＿＿＿
        連絡先＿＿＿＿＿＿＿＿＿＿＿＿＿＿＿＿＿＿＿＿＿

    ③ 名　前＿＿＿＿＿＿＿＿＿＿＿＿＿＿＿＿＿＿＿＿＿
           ＿＿＿＿＿＿＿＿＿＿＿＿＿＿＿＿＿＿＿＿＿
        住　所＿＿＿＿＿＿＿＿＿＿＿＿＿＿＿＿＿＿＿＿＿
        連絡先＿＿＿＿＿＿＿＿＿＿＿＿＿＿＿＿＿＿＿＿＿

3．発症から現在までの治療経過について
(1) いつ頃から，どのような症状が出現しましたか

(2) 上記症状にかかる初めての診療機関はどこでしたか

    ①診療機関　名　称
           所在地

           初診日　　　　　　　　年　　　月　　　日

(3) その後の転医先，又は検査を行った診療機関について

①診療機関　名　　称
　　　　　　所在地

　　　　　　初診日　　　　　　　　年　　　　月　　　　日

②診療機関　名　　称
　　　　　　所在地

　　　　　　初診日　　　　　　　　年　　　　月　　　　日

(4) 治療内容，治療経過等（わかる範囲で結構です。）

4．最終石綿ばく露事業場での賃金について
(1) 最終石綿ばく露事業場（石綿にばく露したとみられる最後の事業場）での離職前３ケ月間の賃金について給与明細，通帳等，支払額がわかる記録はありますか？

　　　　　　有　　・　　無

（いずれかを○で囲んでください。）
　　※　有　の場合には，写しの提出をお願いします。
(2) 月給は大体いくらでしたか？

　　　　　　＿＿＿＿＿＿＿＿＿＿＿＿円

(3) 交通費等の支給はありましたか？　ありの場合は，大体いくらでしたか？
　　　　あり　・　なし

　　　　　　＿＿＿＿＿＿＿＿＿＿＿＿円（　　　駅から　　　　駅間）

(4) 賞与はありましたか？　ありの場合は，大体いくらでしたか？

　　あり　・　なし

　　　　　　　　　　　　　　　　　　円

(5) 最終学歴について教えてください。

　　　　年　　　　月　　　　　　　　　学校　　卒　・　中退

(6) 離職時，扶養していた人は何人いましたか？

　　　　　　　　　　　　　　人

(7) 離職時，会社には労働者は何人くらいいましたか？

　　　　　　　　　　　　　　人

5．その他参考となる事項等

　　（業務に起因して発病したとする理由等についてご自由に記入して下さい）

別紙1

（学校を卒業してから、現在までの職歴について、ご記入ください。）

仕事に従事した期間 （年 月～年 月）	事業場名	事業場の所在地	事業の内容	本人の仕事内容	仕事で取り扱った 材料・設備

別紙2

（建設現場で石綿にばく露したと思う方は、従事した工事等について、古いものから順にわかる範囲で記入して下さい。）

仕事に従事した期間 （年 月～年 月）	建設工事名	現場所在地	元請事業場名称・ 所在地	建設工事の内容	本人の仕事内容・ 石綿ばく露状況

⑦　石綿ばく露歴質問票　81頁，99頁，107頁，113頁，119頁，123頁，133頁

Ｖ　石綿ばく露歴質問票

令和　　年　　月　　日

被災労働者の氏名

請求人の氏名

Ａ　被災労働者の方は，以下の場所で働いたり，仕事に従事したことがありますか。（複数回答可）

1.　□ 石綿を扱う工場　　□ 石綿製品の倉庫
　　□ 石綿の運搬（船員，トラック運転手）
2.　□ 建築業
　　□ ビルの改策・解体作業
　　　　□ 塗装・吹付工事　　　　□ 防音工事
　　　　□ 断熱・耐火・保温工事　□ プレバブ（石綿板）工事
　　　　□ 天井・床材の切断　　　□ ラス張りの仕事
　　　　□ 電気・ガス・スチームの配管工事
3.　□ 造船業
　　　　□ 艤装　　　□ 溶接　　　□ 配管　　　□ 塗装
　　　　□ 電気配線　□ 組立て
　　□ 船舶の分解修理・解体
　　　　□ パイプ被覆・断熱作業　□ クレーン・自動車の運転
　　　　□ 塗装　　　　　　　　　□ 電気配線工事
　　　　□ 事務員　　　　　　　　□ 大工・建具
　　　　□ 溶接　　　　　　　　　□ ボイラー製造・設備
　　　　□ 作業員　　　　　　　　□ 板金
　　　　□ 整備(パイプ・ボイラー等)　□ その他
4.　□ 断熱工事　　□ 保温工事
5.　□ ボイラーの製造・取付け・修繕　□ バーナーの製造・取付け・修理
　　□ 溶接炉の製造・取付け・修繕

192 巻末参考資料

□ スチーム・パイプの製造・取付け・修繕
6. □ ボイラーの操作　□ 溶接作業　□ 板金作業
　　□ 耐熱（耐火）服や耐火手袋を身につけての仕事
7. □ 自動車修理工場　□ ガソリンスタンド
　　□ ブレーキ・ライニング・クラッチ板の製造
8. □ 電気製品（コンデンサー・電池・蓄電池・絶縁テープ）の製造
9. □ 塗装工場　□ 石けん工場　□ オイル・化学物質の精製工場
10. □ ランドリー・クリーニング屋　□ 埃りっぽい作業服の取り扱い
11. □ 埃りっぽいものの運搬
　　　□ 商船の船員　□ トラック運転手　□ 鉄道員
　　　□ はしけの船員　□ 港湾作業員　□ クレーンの操作員
12. □ 下水汚物・廃棄物の回収・処理・運搬
13. □ 蒸気機関車の修理，解体
14. □ ガスマスクの製造
15. □ 宝石・貴金属の細工仕事
16. □ 消防隊員
17. □ 歯科技工士
18. □ 電気業（発電所・変電所・電気事業所）
　　　　　　　以上の仕事をした通算期間を教えてください。（　　）年

B　被災労働者の方の家庭生活の中で，以下のようなことはありませんでしたか。
　（複数回答可）
　　1. □ 家庭で（絶縁物・暖房炉セメント・断熱材・カルミシン（天井・壁等に
　　　　　塗る水性塗料）・石綿製品）の修理・修繕をしたことがありますか。
　　　　　　　　　　　　　　　　　　　　　　　　　　　〈　　年～　　年〉
　　2. □ 石綿製品を家庭で使ったことがありますか。（アイロン板のカバー・耐熱
　　　　　手袋等）
　　　　　　　　　　　　　　　　　　　　　　　　　　　〈　　年～　　年〉
　　3. □ 石綿工場の近くに住んでいたことがありますか。　〈　　年～　　年〉
　　　　□ 造船所の近くに住んでいたことがありますか。　〈　　年～　　年〉
　　　　□ 建材物の置場の近くに住んでいたことがありますか。〈　　年～　　年〉
　　　　□ ブレーキ修理工場の近くに住んでいたことがありますか。
　　　　　　　　　　　　　　　　　　　　　　　　　　　〈　　年～　　年〉

□ その他（造船所・石綿工場・建材物の置場・ブレーキ修理工場の近くで
遊んだことがありますか。） 〈 年〜 年〉

4．□ 家庭内ばく露（家族が石綿作業で着用した作業着・マスク等の洗濯をし
たことがありますか。）

(1) □ はい 〈 年〜 年〉

(2) □ いいえ

C 被災労働者の方は，喫煙をしていましたか。

□ 吸っている 1日平均 本 〈喫煙開始 年 月〜〉

□ 過去に吸っていた

1日平均 本 〈喫煙期間 年 月〜 年 月〉

□ 吸っていない

194   巻末参考資料

⑧　石綿ばく露歴一覧表　81頁

石綿ばく露歴一覧表　　　　　　　　　　　　　年　　　月　　　日

被害者	氏名：＿＿＿＿＿㊞	生年月日：＿＿＿＿＿年　　月　　日
	住所：〒	
記入者・聴取者	氏名：＿＿＿＿＿㊞	被害者との続柄：本人・その他（　　　　）

Ⅰ　被害者の出生から現在までの居住歴

居住期間	住所	近くの石綿取扱施設	種類（石綿工場・造船所・建材物置場・自動車修理工場など）
年　　月～ 年　　月		有・無	
年　　月～ 年　　月		有・無	
年　　月～ 年　　月		有・無	
年　　月～ 年　　月		有・無	
年　　月～ 年　　月		有・無	
年　　月～ 年　　月		有・無	

Ⅱ　被害者の住居・職場・家庭生活等における石綿ばく露の状況

期間		
年　　月～ 年　　月	自宅の天井や壁に石綿が吹き付けられていた。	はい・ いいえ
年　　月～ 年　　月	職場の天井や壁に石綿が吹き付けられていた。	はい・ いいえ
年　　月～ 年　　月	石綿取扱施設（石綿工場・造船所・建材物置場・自動車修理工場など）の近くで遊んだことがある。	はい・ いいえ
年　　月～ 年　　月	自宅以外や職場以外で石綿が吹き付けられた建物に出入りしていたことがある。	はい・ いいえ
年　　月～ 年　　月	職場以外の石綿取扱施設に出入りしていたことがある。	はい・ いいえ

期間			
年　月〜 年　月	家庭で、絶縁物・暖房炉セメント・断熱材・石綿含有塗料店 石綿製品の修理や修繕をしたことがある。		はい・ いいえ
年　月〜 年　月	家庭で、アイロン板のカバー・耐熱手袋などの石綿製品を 使ったことがある。		はい・ いいえ
年　月〜 年　月	家族が石綿を扱う仕事をしており、作業着・マスク・道具な どを自宅に持ち帰っていた。または、その持ち帰った作業着 やマスクの洗濯をしたことがある。 （石綿作業者との関係：　　　　　　　　　　　　　　　）		はい・ いいえ
年　月〜 年　月	自宅で、石綿に関する作業が行われたことがある。		はい・ いいえ
年　月〜 年　月	被災した自宅で石綿建材を片付けた。または震災復興作業や 震災ボランティア活動を行った。 （震災名：阪神淡路・その他（　　　　　　　　　　　））		はい・ いいえ
年　月〜 年　月	その他石綿ばく露 （　　　　　　　　　　　　　　　　　　　　　　　　）		はい・ いいえ

Ⅲ　被害者の最終学歴

卒業年月：　　　年　　　月（卒業・中退）　学校名：＿＿＿＿＿＿＿＿＿（修業年限　　年）

学校所在地：〒＿＿＿＿＿＿＿＿＿＿＿＿＿＿＿＿＿＿＿＿＿＿＿＿＿＿

Ⅳ　被害者の現在までの職歴及び職業上の石綿ばく露の状況

従事期間 （※1）	所属した企業 （※2）		
❶ 　年　月 〜 　年　月	企業名（事業所名）： 業種（※3）： 所在地：	社会保険の有無	有・無・不明
		職種（※3）	
		事業所での石綿の取扱	有・無・不明
		有➡製品名・材料名	
		有➡石綿ばく露した 作業内容 ※石綿にばく露した状況が具 体的に分かるよう詳しくご 記入ください。適宜の別用 紙をご利用していただいて 構いません。	

従事期間 （※1）	所属した企業 （※2）		
		近くの石綿取扱施設	有 ・ 無 ・ 不明
		有➡製品名・材料名	
❷ 　年　　月 　～ 　年　　月	企業名（事業所名）： 業種（※3）： 所在地：	社会保険の有無	有 ・ 無 ・ 不明
		職種（※3）	
		事業所での石綿の取扱	有 ・ 無 ・ 不明
		有➡製品名・材料名	
		有➡石綿ばく露した 作業内容	
		※石綿にばく露した状況が具 体的に分かるよう詳しくご 記入ください。適宜の別用 紙をご利用していただいて 構いません。	
		近くの石綿取扱施設	有 ・ 無 ・ 不明
		有➡製品名・材料名	
❸ 　年　　月 　～ 　年　　月	企業名（事業所名）： 業種（※3）： 所在地：	社会保険の有無	有 ・ 無 ・ 不明
		職種（※3）	
		事業所での石綿の取扱	有 ・ 無 ・ 不明
		有➡製品名・材料名	
		有➡石綿ばく露した 作業内容	
		※石綿にばく露した状況が具 体的に分かるよう詳しくご 記入ください。適宜の別用 紙をご利用していただいて 構いません。	
		近くの石綿取扱施設	有 ・ 無 ・ 不明
		有➡製品名・材料名	
❹ 　年　　月	企業名（事業所名）：	社会保険の有無	有 ・ 無 ・ 不明
		職種（※3）	
		事業所での石綿の取扱	有 ・ 無 ・ 不明
		有➡製品名・材料名	

従事期間 （※1）	所属した企業 （※2）		
～ 　年　　月	業種（※3）： 所在地：	有➡石綿ばく露した 作業内容 ※石綿にばく露した状況が具体的に分かるよう詳しくご記入ください。適宜の別用紙をご利用していただいて構いません。	
		近くの石綿取扱施設	有 ・ 無 ・ 不明
		有➡製品名・材料名	
❺	企業名（事業所名）：	社会保険の有無	有 ・ 無 ・ 不明
		職種（※3）	
		事業所での石綿の取扱	有 ・ 無 ・ 不明
年　　月		有➡製品名・材料名	
～ 　年　　月	業種（※3）： 所在地：	有➡石綿ばく露した 作業内容 ※石綿にばく露した状況が具体的に分かるよう詳しくご記入ください。適宜の別用紙をご利用していただいて構いません。	
		近くの石綿取扱施設	有 ・ 無 ・ 不明
		有➡製品名・材料名	
❻	企業名（事業所名）：	社会保険の有無	有 ・ 無 ・ 不明
		職種（※3）	
		事業所での石綿の取扱	有 ・ 無 ・ 不明
年　　月		有➡製品名・材料名	
～ 　年　　月	業種（※3）： 所在地：	有➡石綿ばく露した 作業内容 ※石綿にばく露した状況が具体的に分かるよう詳しくご記入ください。適宜の別用紙をご利用していただいて	

従事期間 （※1）	所属した企業 （※2）		
		構いません。	
		近くの石綿取扱施設	有 ・ 無 ・ 不明
		有➡製品名・材料名	
❼ 　年　　月 〜 　年　　月	企業名（事業所名）： 業種（※3）： 所在地：	社会保険の有無	有 ・ 無 ・ 不明
		職種（※3）	
		事業所での石綿の取扱	有 ・ 無 ・ 不明
		有➡製品名・材料名	
		有➡石綿ばく露した 作業内容	
		※石綿にばく露した状況が具 体的に分かるよう詳しくご 記入ください。適宜の別用 紙をご利用していただいて 構いません。	
		近くの石綿取扱施設	有 ・ 無 ・ 不明
		有➡製品名・材料名	

※1　職歴が定かでない場合は，年金の「被保険者記録照会回答票」を取寄せ
　　てご確認ください。（詳細はお尋ねください。）

※2　副業や学生時代のアルバイトなど短期間の仕事も含みます。

※3　「業種」「職種」はそれぞれ別紙「産業の例（勤め先の業種）」「職種の
　　例」を参考に記入してください。

Ⅴ　被害者の喫煙歴

喫煙の状況	喫煙期間	1日平均
今も喫煙している 過去に喫煙していた	年　　月〜 　年　　月・現在	 本
喫煙していない		

巻末参考資料　199

⑨　胸部薄層ＣＴ撮影ご協力のお願い　89頁

胸部の薄層 CT 撮影ご協力のお願い ← アスベスト被害者が存命かつ通院可能な体力の場合に，主治医へ送る。

アスベスト被害者が普段通院している呼吸科 or 呼吸器内科が望ましい。
もし，呼吸科 or 呼吸器内科に普段通院していない場合には，とりあえず通院している何らかの病院宛てでも構わない。

年　　月　　日

●●病院 ←

●●先生　御侍史

〒251-0025

神奈川県藤沢市藤沢 109-5

湘南 ND ビル 7 階

TEL. 0466-53-9340　FAX. 0466-53-9341

弁護士法人シーライト藤沢法律事務所

担当□弁護士　　阿　部　　貴　之

担当☑弁護士　　小　林　　玲生起

担当□弁護士　　塩　谷　　恭　平

担当□弁護士　　澁　谷　　　　大

謹啓

　初めてお手紙差し上げます。突然，書面をお送りする失礼をお許しください。

　弊所は，貴院の患者である

　　　　●●●●様（昭和　　年　　月　　日生まれ）

から，アスベスト（石綿）被害に関する労災保険申請／石綿健康被害救済給付金申請／建設アスベスト被害給付金申請の依頼を受けております。

1　アスベスト被害における胸部 CT・胸膜プラーク所見の重要性

　上記制度におきまして，認定を受けるには，患者がアスベスト被害を被ったことを医学的所見でもって立証していく必要がございます。この医学的所見には様々なものがあると存じますが，とりわけ上記制度のいずれにおいても，特に胸膜プラーク所見が重要視されております。

そして，薄い胸膜プラーク所見や軽度肺繊維化所見を見逃さないよう，審査手続きにおいては，高分解能CT（High-Resolution CT。いわゆるHRCT）又は薄層CT（Thin-Slice CT。いわゆるTSCT）による胸部CT撮影が推奨されております（中央環境審議会石綿健康被害判定小委員会「医学的判定に関する留意事項」6〜7頁）。

2　薄層CT等による胸部CT撮影のお願い

つきましては，上記貴院患者について，HRCT又はTSCTによる胸部CT撮影をお願いしたいと存じます。

とりわけ，弊所の経験上，1mm程度の間隔でスライスできるTSCTによって薄い胸膜プラークを発見でき，認定に繋がったというケースも複数あることから，可能な限り，TSCTでの胸部CT撮影をお願いできればと存じます。

※自院でのTSCTでの撮影が不可であるが，TSCT撮影可能な病院のご紹介が可能という場合には，その旨弊所までお申し付けいただくか，次ページの【貴院ご協力結果回答欄】へご記載のほどお願いいたします。

※※既に貴院で撮影済みの胸部CTデータを用いて，1〜2mm程度のスライスに再構成可能という場合には，再構成した画像データを弊所にご提供頂くことでも足ります。別途，診療情報開示申請書をお送りいたしますので，その旨お申し付けいただくか，次ページの【貴院ご協力結果回答欄】へご記載のほどお願いいたします。

貴院で保存する画像データの増量，撮影時間の増加等のお手間・ご負担をお掛けしてしまうのは重々承知ではございますが，適切なアスベスト給付金認定手続き，ひいては患者救済のため，何卒よろしくお願い申し上げます。

敬白

【添付資料】
①　中央環境審議会石綿健康被害判定小委員会「医学的判定に関する留意事項」（抜粋）
②　返信用封筒

【貴院ご協力結果回答欄】

　大変お手数ではございますが，貴院がご協力頂いた内容を下記ご回答欄にご記載の上，弊所 FAX（0466-53-9341）か，同封の返信用封筒にてご回答下さいますようお願い申し上げます。

記

上記「2　薄層 CT 等による胸部 CT 撮影のお願い」の要請を踏まえ、
　(1)　＿＿＿＿年＿＿＿＿月＿＿＿＿日に，胸部の
　　　　①薄層 CT（TSCT）
　　　　②高分解能 CT（HRCT）
　を撮影しました／撮影予定です。

　(2)　＿＿＿＿＿＿＿＿＿＿＿＿＿＿＿＿＿＿＿病院へ，
　　　　①薄層 CT（TSCT）
　　　　②高分解能 CT（HRCT）
　の撮影のため，患者を紹介しました／紹介予定です。

　(3)　既に撮影済み胸部 CT データを用いて，薄層スライスに再構成した
　　　画像データ DVD を提供いたします。別途，診療情報開示申請書を提出
　　　してください。

　(4)　上記「2　薄層 CT 等による胸部 CT 撮影のお願い」に関する協力
　　　は，いたしません。

　(5)　その他

病院名：

連絡先：

⑩ 事業主証明書欄取得不能の説明書　98頁，103頁，111頁，117頁，122頁，126頁，131頁

事業主証明欄取得不能の説明書

●●労働基準監督署　御中

●●●●年●●月●●日
〒251-0052
神奈川県藤沢市藤沢 109-5
湘南 ND ビル 7 階
TEL. 0466-53-9340　FAX. 0466-53-9341
弁護士法人シーライト
担当□弁護士　　阿　部　貴　之
担当☑弁護士　　小　林　玲生起
担当□弁護士　　塩　谷　恭　平
担当□弁護士　　澁　谷　　　大

被災者：●●●●（昭和●●年●●月●●日生まれ）

1　事業主証明欄の証明不能の理由
　上記の労働災害の件について，労災保険給付請求書の事業主証明欄につき空欄としているが，それは，以下の☑の理由により，事業主からの証明を得られなかったことによる。
　　□事業主へ証明を求めたが，拒否された。
　　☑事業主が（　死亡　・行方不明・☑廃業　）により，証明できなかった。
　　□その他（　　　　　　　　　　　　　　　　　　　　　　　　　　　）

2　補足説明
　　□特になし
　　☑以下のとおり
　　被災者の息子である●●●●によれば，有限会社●●●●（以下「●●●●」という。）は，社長の急死により，廃業したとのことであった。念のため，給与所得の源泉徴収票記載の同社電話番号に平日昼間に複数回架電してみたものの，2〜3歳の子どもが電話に出る，繋がらないなど営業している様子はなかった。

【添付資料】
※全て写し

① ●●年分・●●年分・●●年分の給与所得の源泉徴収票　　　　　　各1通
　※これ以外の年は見当たらない。
② 被保険者記録照会回答票　　　　　　　　　　　　　　　　　　　　1通
③ ●●●●修了証（写し）　　　　　　　　　　　　　　　　　　　　1通
④ ●●●●特別教育修了証（写し）　　　　　　　　　　　　　　　　1通
⑤ 被災者（＝●●●●＝赤丸）と●●●●の当時の社長（赤丸）が一緒に写っ
　ている写真　　　　　　　　　　　　　　　　　　　　　　　　　　●通

以上

204 巻末参考資料

⑪　診断書等作成に関し医療機関・医師の方からよくあるご質問について（アスベスト編）　106頁

診断書等の作成に関し医療機関・医師の方から　よくあるご質問について（アスベスト編）

弁護士法人シーライト

　弊所は，患者様の代理人として，医療機関・主治医の先生に診断書・労災保険請求書など（以下「診断書等」といいます。）の作成をご依頼しております。その際，以下のようなご質問・疑問を受けることがよくありますので，法的な観点を中心に事前にご回答をいたします。

Q　診断書等には何を書けばよいのか？

　A　求めている診断書等の内容・書式・体裁にもよりますが，どの診断書等にも共通するものとして，
　　　①傷病名または疾病名
　　　②上記①のご診断に当たって行った主な医学的検査結果
　　　③上記①のご診断に至った根拠・判断過程
　　をご記載頂きたいと存じます。

Q　患者が罹患している傷病・疾病は，労災保険等の対象ではないので，診断書等も書けないのだが？

　A　ある制度の対象となるか，ある制度が認定されるかの判断権は，当該制度を管轄している機関（例えば，労災保険であれば労働基準監督署）が有しています。当該機関が，診断書等・医療記録その他の資料及び他の医師の意見等を総合的に考慮して，制度の対象か否かを下します。

　　　そのため，診断書等の内容・書式・体裁にもよりますが，特に求められていなければ，**貴院において「認定基準を満たすか否か」や「労災保険等の対象か否か」を判断して頂く必要はございません。** 例えば，主治医の診断では「間質性肺炎」であったが，労災保険申請したところ，労災保険の対象である「石綿肺」と認定されたケースもありますので，そういった意味でも，ある制度の対象疾病か否かの判断は不要です。

　　　なお，診断書等の作成を拒否される場合には，医師法19条2項の作成を拒否する「正当の事由」を書面でお示しください。

（参考）医師法19条2項
　　診察若しくは検案をし，又は出産に立ち会つた医師は，診断書若しく
　は検案書又は出生証明書若しくは死産証書の交付の求があつた場合に
　は，正当の事由がなければ，これを拒んではならない。

Q　傷病または疾病に罹患した直接的又は最も有力な原因を特定する必要があるのか？

　A　いいえ，それは必ずしも必須ではありません。

　　　例えば，アスベストばく露に特異な所見（胸膜プラークなど）が医学
　的に認められる場合には，「胸膜全体にプラークが認められるため，アス
　ベストばく露が原因と思われる（アスベストばく露に特異な医学的所見
　である）」などと記載して頂くのは，医学的な意見として極めて有用では
　あります。

　　　しかし，**診断書等においては，原因や因果関係の特定や証明を求めて
　いるものではなく，上記で述べたように，あくまで，傷病名または疾病
　名及びそれに至った医学的根拠のご記載があれば，足ります。**

Q　患者が「○○が原因と書いてくれ」「△△の病名を書いてくれ」と求めてくるが，患者の求めるとおりに，診断書等に記載しなければならないのか？

　A　いいえ，**医学的な見解（傷病名・疾病名など）は，専ら医師の判断事項
　ですので，患者の言うとおりに書く必要はございません。** もっとも，診
　断・診断書等作成に当たって，患者の意見や主張（例えば，アスベスト
　ばく露の業務内容等）を参考にすることには問題がありません。

　　　また，上記で述べたように，診断書等において原因を特定することも
　必須ではありません。例えば，肺がんの場合には，様々な要因が複合的・
　相乗的に絡み合って発症する疾病ですから，直接的又は最も有力な原因
　を特定することが困難であると考えられます。そのような意味でも，原
　因を特定することは必須ではありません。

　　　なお，呼吸器系疾患の発症には，喫煙が有力な要因とされていますが，
　労災保険・石綿健康被害救済制度・建設アスベスト被害給付金などの認
　定において，「喫煙していないこと（喫煙量が少ないこと）」は，認定要
　件とはなっておりませんので，その旨ご留意ください。

Q 休業補償給付請求書（労災保険様式8号）の「㉙療養の期間」は，いつからいつまでを記載すればよいか？

A 始期は，「㉘傷病の部位および傷病名」に記載した傷病名に基づき患者が**貴院へ初診した日**をご記載ください。終期は，作成日時点での**最終の入院または通院日**をご記載ください。

Q 休業補償給付請求書（労災保険様式8号）の「㉛療養のため労働することができなかったと認められる期間」は，いつからいつまでを記載すればよいか？

A 最終的には主治医の先生の医学的見解によるところではありますが，一般にアスベスト関連疾患は呼吸機能障害を呈することが多く，それゆえ労働が不可能または著しく困難であることが多いと思われます。そのため，㉛の始期・終期も，「㉙療養の期間」の始期・終期と同一のものを記載して頂くケースが多いです。

　なお，アスベスト関連疾患の患者は，高齢であることが多いですが，「労働可能な年齢であること（高齢でないこと）」は，休業補償給付の支給要件ではありません。そのため，シンプルに（年齢を考慮せずに）「現状として労働できないか否か」をご判断頂ければ，足ります。

あとがき

　本書は，現在，弊所のアスベスト給付金申請代理業務をベースとして，その実践を紹介・解説してきた。しかし，アスベスト給付金申請は，まだ取り扱う法律実務家が少なく，その実務は，依然発展途上である。本書を読まれた読者の皆様方におかれては，本書をたたき台としつつ，「もっとこうしたほうが適切な立証ができるのではないか」「こういうやり方を取ったほうがより手続が迅速化・円滑化するのではないか」という観点で，申請代理業務に臨んでいただけると幸いである。

　アスベスト給付金申請に携わりはじめて3年を超え，それに伴って医学的知識等もそれなりに付いてきたと自負している。しかし，アスベスト給付金申請を取り扱い始めた頃は，医療画像につき「矢状断」を「やじょうだん」（正しくは，しじょうだん）と読んで，妻で診療放射線技師の春菜に笑われたことを懐かしく思い出す。妻・春菜には，胸部CTの読影方法やポイント，HRCT・TSCTの意義などを詳しく教えてもらったり，医学的なアドバイスも多数もらえ，愛息・鷲理の育児を中心とする家庭を支えてもらうだけでなく，専門知識の支えもしてもらった。本書を借りて，感謝の言葉を伝えたい。

2025年3月吉日

弁護士法人シーライト

弁護士　小林玲生起

索　引

〈英数〉

COPD（慢性閉塞性肺疾患） ……………… 20
costophrenic angle（CP angle） ……… 94
HRCT ……………………………………… 89
IPF ………………………………………… 16
PR ………………………………………… 84
TSCT ……………………………………… 89

〈あ行〉

アスベスト関連疾患 ……………………… 10
アスベストばく露業務 …………………… 72
「石綿」（せきめん，いしわた） …………… 2
石綿胸膜炎 ………………………………… 19
石綿健康管理手帳 ………………………… 43
石綿健康基準 ……………………………… 39
石綿健康被害医療手帳 …………………… 40
石綿健康被害救済制度 ………………… 39, 136
石綿小体 …………………………………… 90
石綿繊維 …………………………………… 90
石綿肺 …………………………………… 15, 83
石綿ばく露作業 ………………………… 50, 81
石綿吹付作業 ……………………………… 50
遺族補償一時金 ………………………… 30, 111
遺族補償給付 …………………………… 29, 111
遺族補償年金 …………………………… 29, 111
著しい肺機能（呼吸機能）障害 ………… 79
咽頭がん …………………………………… 21
円形無気肺 ………………………………… 20
屋内石綿ばく露作業 ……………………… 51

〈か行〉

環境再生保全機構 ………………………… 39
間質性肺炎 ………………………………… 16
黄色い手帳 ………………………………… 43

〈休業補償給付〉

休業補償給付 …………………………… 26, 98
給付基礎日額 ……………………………… 27
胸膜炎 ……………………………………… 95
胸膜プラーク …………………… 12, 78, 110
胸膜プラーク所見 ………………………… 88
寄与度減額 ……………………………… 55, 56
建設アス認定基準 ………………………… 46
建設アスベスト給付金 ………………… 153
建設アスベスト被害給付金制度 ………… 46
後腹膜繊維症 ……………………………… 21
高分解能 CT ……………………………… 89

〈さ行〉

支給調整 …………………………………… 58
シン・スライス CT ……………………… 89
じん肺 …………………………………… 15, 83
じん肺管理区分 …………………………… 83
じん肺健康管理手帳 ……………………… 43
スパイロメトリー検査 …………………… 86
素因減額 …………………………………… 56
葬祭料 …………………………………… 33, 111

〈た行〉

中皮腫 …………………………………… 14, 80
調査復命書 ………………………………… 79
動脈血ガス測定 …………………………… 86
特定石綿建設業務労働者等 ……………… 51
特定石綿ばく露建設業務 ………………… 47
特別遺族一時金 …………………………… 36
特別遺族給付金 ………………………… 35, 126
特別遺族年金 ……………………………… 35

〈は行〉

ハイ・レゾリューション CT ……………… 89
肺がん …………………………………… 17, 88

210　索　引

肺気腫 ……………………………… 21
肺機能（呼吸機能）検査 ……… 79, 84, 85
肺線維症 …………………………… 16
薄層 C ……………………………… 89
被保険者記録照会回答票 ………… 68, 93
びまん性胸膜肥厚 ………………… 18
病理組織診断結果 ………………… 82
保有個人情報開示請求 …………… 79

〈ま行〉

未支給の保険給付請求権 ………… 111

未支給の労災保険給付 …………… 33

〈ら行〉

卵巣がん …………………………… 21
良性石綿胸水 ……………………… 19
療養補償給付 ……………………… 26, 98
労災支給決定等情報提供サービス利用
 ……………………………………… 153
労災認定基準 ……………………… 10, 78
労災保険 …………………………… 25
労働者性 …………………………… 71

【著者略歴】

小林　玲生起（こばやし・れおき）

1988年7月2日生まれ。弁護士法人シーライト　副代表弁護士

　著者の父で消費者ジャーナリスト小林嬌一は，1970年代から石綿健康被害を取り上げ（「発ガン性材料石綿の恐怖」『東邦経済』昭和49年11月号，「石綿代替品」『日経流通新聞』昭和62年8月25日，「終わりなき公害アスベスト汚染」『消費と生活』2017年9・10月号など），著者も，幼少期からアスベストの危険性等を聞かされて育つ。

　弁護士登録時（2016年12月）から交通事故や労災が中核的業務の弁護士法人シーライトに入所し，人身被害救済業務に数多く携わる。いわゆる建設アスベスト訴訟が注目を浴び始めた2020年前後からアスベスト被害救済に関心を持ち，2021年からアスベスト被害救済業務を立ち上げ，中心的役割を担う。2022年6月に逝去した父が警鐘を鳴らし続けた「アスベスト被害救済」の遺志を受け継ぐように，全面的・網羅的・円滑な被害救済を目指しており，交通事故や労災で培った医学的知識・医療画像の読影技術をベースに，認定基準の充足等を促す意見書を作成するなど「諦めない」アスベスト給付金申請がモットーである。

アスベスト給付金申請ハンドブック

――図解と記載例で迷わずできる！

2025年4月30日　第1版第1刷発行

著　者　小　林　玲生起

発行者　山　本　　　継

発行所　㈱中央経済社

発売元　㈱中央経済グループ
　　　　パブリッシング

〒101-0051　東京都千代田区神田神保町1-35
電　話　03(3293)3371(編集代表)
　　　　03(3293)3381(営業代表)
https://www.chuokeizai.co.jp
印刷／東光整版印刷㈱
製本／㈲井上製本所

ⓒ 2025
Printed in Japan

＊頁の「欠落」や「順序違い」などがありましたらお取り替えいた
　しますので発売元までご送付ください。(送料小社負担)
ISBN 978-4-502-53891-9　C3032

JCOPY 〈出版者著作権管理機構委託出版物〉本書を無断で複写複製 (コピー) することは，
著作権法上の例外を除き，禁じられています。本書をコピーされる場合は事前に出版者
著作権管理機構 (JCOPY) の許諾を受けてください。
JCOPY 〈https://www.jcopy.or.jp　eメール：info@jcopy.or.jp〉